国家中职示范校机电类专业
优质核心专业课程系列教材

CO2 QITI BAOHUHAN HANJIE

CO_2气体保护焊焊接

◎ 主　编　王　兰
◎ 副主编　张明录
◎ 参　编　王　钦　陈卫青　史峰毅
李思静　姚　迷　宋金妮
黄庚春　冯　俏

西安交通大学出版社
XI'AN JIAOTONG UNIVERSITY PRESS

图书在版编目（CIP）数据

CO2气体保护焊焊接/王兰主编. —西安：西安交通大学出版社，2015.5

ISBN 978-7-5605-7345-8

Ⅰ.①C… Ⅱ.①王… Ⅲ.①二氧化碳—气体保护焊 Ⅳ.①TG444

中国版本图书馆 CIP 数据核字（2015）第110016号

书　　名 CO_2气体保护焊焊接
主　　编 王　兰
策划编辑 曹　昳
责任编辑 李　佳

出版发行 西安交通大学出版社
（西安市兴庆南路10号　邮政编码710049）
网　　址 http://www.xjtupress.com
电　　话 （029）82668357　82667874（发行中心）
（029）82668315（总编办）
传　　真 （029）82668280
印　　刷 虎彩印艺股份有限公司

开　　本 880mm×1230mm　1/16　**印张** 9.25　**字数** 185千字
版次印次 2015年10月第1版　2015年10月第1次印刷
书　　号 ISBN 978-7-5605-7345-8/TG・60
定　　价 28.00元

读者购书、书店添货、如发现印装质量问题，请与本社发行中心联系、调换。
订购热线：（029）82665248　（029）82665249
投稿热线：（029）82669097　QQ：8377981
读者信箱：lg_book@163.com

《CO_2气体保护焊焊接》编写组

主　编：王　兰

副主编：张名录

参　编：王　钦、陈卫青、史峰毅、李思静、姚　迷、宋金妮、
黄庚春、冯　俏

前言 Preface

本书是根据现代企业对焊接技术技能型人才规格的要求，参照中华人民共和国劳动及社会保障部制定的《焊工国家职业标准》，在基于工作过程系统化课程开发思路的指导下，以机械装备制造业中典型的CO_2焊接工作任务为载体，按照“任务驱动，工作过程导向”的职业教育教学理念，整合《焊工工艺学》《焊工技能训练》教材，以“适度够用”为原则，把岗位所需的知识和技能融和在具体的任务中，编写的理实一体化教材。

本书设置了支架焊接、管板焊接、管类焊接共3个学习任务、8个学习项目，具有以下几个方面的特点：

1. 采用一体化教学方案设计

以企业中典型工作任务作为知识、技能的载体。采用“教学做一体化”教学方案设计，以行动导向组织教学过程，使学生掌握焊接工艺卡的识读、CO_2焊接工艺参数的选择与调节、装配定位焊、焊接方法及动作要领、焊接变形的预防及矫正、焊缝的检验等内容，注重学生综合素养的培养。

2. 实现教材向学材的转变

将抽象的、枯燥的纯理论教学通过项目载体生动形象地展现出来，采用项目教学。贯穿“六步”教学法，充分调动学生积极性，培养学生自己分析问题和解决问题的能力。

本书由王兰主编、张名录副主编，王钦、陈卫青、史峰毅、李思静、姚迷、宋金妮、黄庚春、冯俏等参与编写。

由于时间仓促，编者水平有限，书中缺点和错误之处在所难免，敬请读者批评指正。

目录 Contents

绪论……001

学习任务一 **支架的焊接**……007

学习项目1 EGP（油箱）支架总成的焊接……009

学习项目2 重卡大箱侧围的焊接……030

学习项目3 换档杆支架的焊接……049

学习项目4 驱动桥桥壳纵缝的焊接……066

学习任务二 **管板焊接**……081

学习项目1 上车踏板的焊接……083

学习项目2 燃油箱总成的焊接……096

学习任务三 **管类焊接**……111

学习项目1 消声器尾管总成的焊接……113

学习项目2 EGP进气管总成的焊接……126

参考文献……140

绪论

今年，“双十一”的购物狂欢，让人们尽享现代化电子商务的方便、快捷。然而，“双十一”包裹超3亿件，如何运输显得至关重要。目前，物流行业主要依靠飞机、火车、汽车来运输，其中，重卡作为主要的运输工具，在交通运输领域发挥着巨大的作用。

图0-1　重卡集装箱车图

0-2　重卡自卸车

图0-3　水泥搅拌车

图0-4　军用卡车

重卡改变了我们的生产生活方式，那么重卡由哪些部件组成呢？重卡上的哪些部件是焊接出来的呢？

我想起了，这是我之前用焊条电弧焊焊接的零件

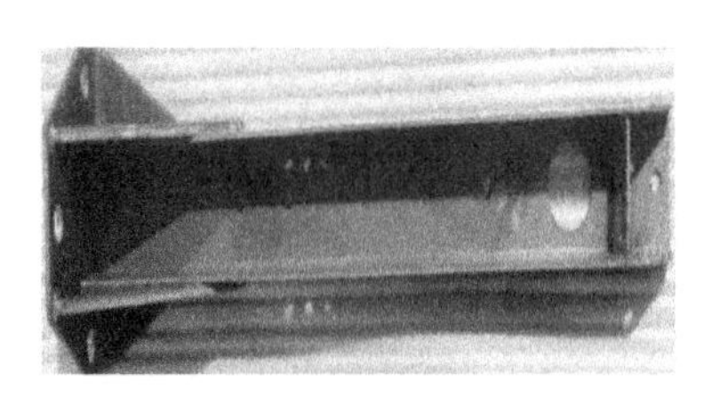

图0-5　尾灯支架

图0-6　油泵支架

加焊条电弧焊焊过的工件照片

让我再找找还有哪些件是焊接的。

重卡上的主要焊接部件：

图0-7　重卡上主要的焊接件

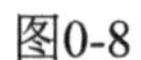
图0-8

这么多件都用焊条电弧焊焊接，效率太低了吧？图0-8所示。

今天我就给你介绍一种先进的焊接方法！

焊接作业是重卡零部件与车身制造中的一个关键环节，起着承上启下的特殊作用。气体保护焊作为焊接的一种焊接方法，具有操作方便，焊接速度较快，焊件焊后变形小的特点，在零部件制造中被广泛采用。

什么是气体保护焊？让我们先来了解一下吧！

通过前面的学习，你能分辨出下面几张图片的焊接电弧保护方式吗？

小提示

焊接电弧保护方式有焊渣保护、气体保护和气渣联合保护。

图0-9 焊条电弧焊

图0-10 埋弧焊

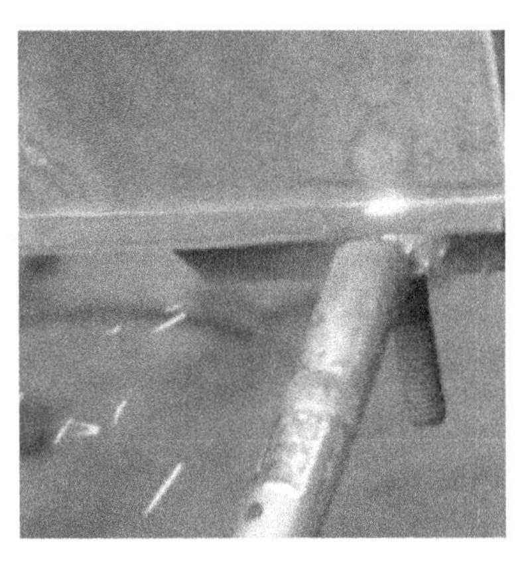
图0-11 CO_2气体保护焊

图0-12 钨极氩弧焊

气体保护焊是用外加气体作为电弧介质并保护电弧和焊接区的电弧焊方法。气体保护焊接按照所用电极材料是否熔化分为非熔化极气体保护焊和熔化极气体保护焊，如下图0-13，0-14所示。

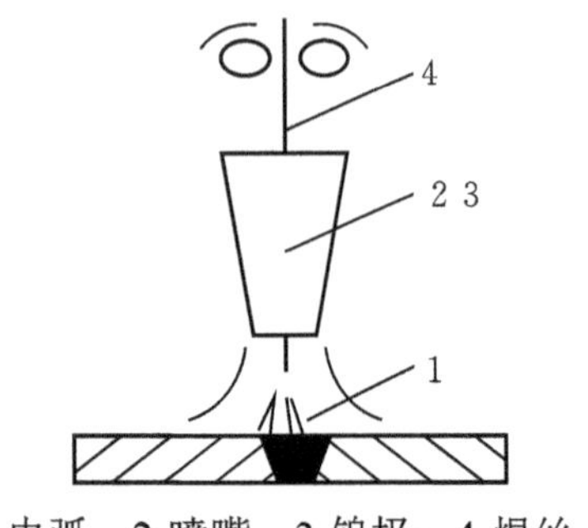

1-电弧；2-喷嘴；3-钨极；4-焊丝

图0-13 非熔化极气体保护焊

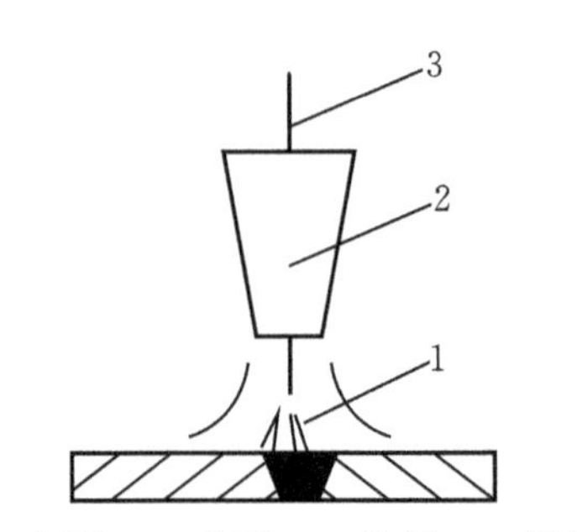

1-电弧；2-喷嘴；3-钨极；4-焊丝

图0-14 熔化极气体保护焊

目前，重卡汽车焊接制造生产中常见的焊接方法如下表0-1所示，其中，采用CO_2气体保护焊占重卡上焊接件的80%以上。

表0-1　常见焊接方法的电极熔化方式与保护方式

焊接方法	电极熔化方式	保护方式
钨极氩弧焊		
CO_2气体保护焊		
等离子弧焊		

气体保护焊保护气体的种类及应用，见下表0-2。

表0-2　保护气体焊的种类与应用

被焊材料	保护气体	混合比	化学性质	焊接方法
铝及铝合金	Ar		惰性	熔化极和钨极
	Ar+He	Φ（He）=10%		
	Ar		惰性	熔化极和钨极
	Ar+N_2	Φ（N_2）=20%		熔化极
	N_2		还原性	
	Ar		惰性	钨极
	Ar+O_2	Φ（O_2）=1%~2%	氧化性	熔化极
	Ar+O_2+CO_2	Φ（O_2）=2% Φ（CO_2）=5%		
碳钢和低合金钢	CO_2		氧化性	熔化极
	Ar+CO_2	Φ（Ar）=20%		

什么是CO_2气体保护焊焊接呢？为什么要用CO_2来做保护气体呢？

CO_2气体保护焊是CO_2气体保护电弧焊的简称，主要是以CO_2作为保护气体的一种电弧焊接方法，是熔化极气体保护电弧焊的一种。

用CO_2来做保护气体的原因：____

____

____

____

支架的焊接

学习项目1　EGP（油箱）支架总成的焊接

学习项目2　重卡大箱侧围的焊接

学习项目3　换档杆支架的焊接

学习项目4　驱动桥桥壳纵缝的焊接

任务描述

支架是重卡上中常见的一种总成（部件），主要起到支撑和承载作用，其主要由若干个钢板组对焊接而成，那么重卡中常见的支架结构主要有哪些呢？

图1-1　油箱支架

图1-2　换挡杆支架

图1-3　重卡车桥

图1-4　重卡大箱

知识链接

支架主要采用钢板与钢板或钢板与型钢连接而成，焊缝类型为塞焊缝、对接焊缝、角焊缝；焊接位置根据现场安装和零件组装过程中的位置确定，分别为平位、立位、横位和仰位；焊接加工的焊接位置和焊缝类型需要根据设计、现场安装及技术要求进行确定。

让我们来了解一下任务吧！

EGP支架是重卡车辆油箱的重要支撑部件，该部件主要由钢板折弯后和小钢板组焊而成，焊缝类型主要为塞焊缝。现由于某重型汽车生产企业生产任务紧迫，委托学校焊接专业5天内协助加工300件，请根据图纸和工艺卡的要求完成EGP支架的焊接任务。

接受任务

表1-1　生产派工单

<table>
<tr><td colspan="8">生产派工单
编　号：</td></tr>
<tr><td>产品名称</td><td colspan="2">EGP（油箱）支架总成</td><td>产品图号</td><td colspan="2">SZ954001110</td><td>接单人</td><td>王钦</td></tr>
<tr><td>生产单位</td><td colspan="2">焊接加工车间</td><td>派工日期</td><td colspan="2">2014.4.22</td><td>操作者</td><td></td></tr>
<tr><td colspan="8">生产说明：要求各零件之间焊接牢固可靠，不得有裂纹、未焊透、气孔夹渣等缺陷。
清除焊渣、飞溅等。</td></tr>
<tr><td>要求完成日期</td><td>2014.4.27</td><td>数量</td><td>300件</td><td>单件/工时</td><td>8min</td><td>总工时</td><td>5天</td></tr>
<tr><td>备　注</td><td colspan="7">EGP（油箱）支架总成图纸附后</td></tr>
<tr><td colspan="8">派　工：杨金平　　　　　　　　　　审　批：蔡立新</td></tr>
</table>

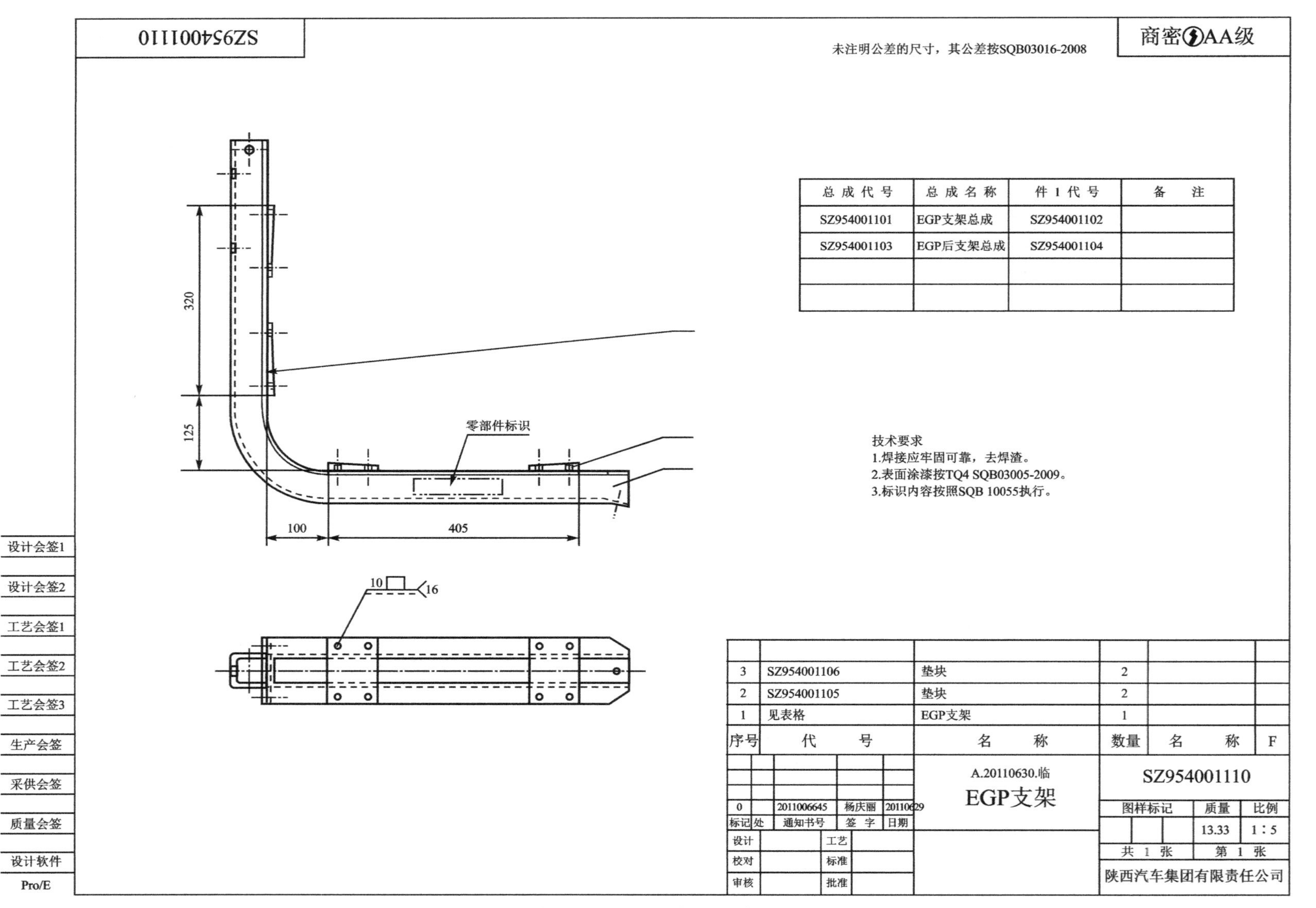
SZ954001110
商密AA级
未注明公差的尺寸，其公差按SQB03016-2008
总成代号 总成名称 件1代号 备注
SZ954001101 EGP支架总成 SZ954001102
SZ954001103 EGP后支架总成 SZ954001104
320
125
100
405
零部件标识
10
16
技术要求
1.焊接应牢固可靠，去焊渣。
2.表面涂漆按TQ4 SQB03005-2009。
3.标识内容按照SQB 10055执行。
3 SZ954001106 垫块 2
2 SZ954001105 垫块 2
1 见表格 EGP支架 1
序号 代号 名称 数量 名称 F
0 2011006645 杨庆丽 20110629
标记 处 通知书号 签字 日期
设计 工艺
校对 标准
审核 批准
A.20110630.临
EGP支架
SZ954001110
图样标记 质量 比例
13.33 1∶5
共 1 张 第 1 张
陕西汽车集团有限责任公司
设计会签1
设计会签2
工艺会签1
工艺会签2
工艺会签3
生产会签
采供会签
质量会签
设计软件
Pro/E

图1-5　EGP（油箱）支架总成图

表1-2　EGP支架总成焊接工艺过程卡

陕西德化汽车部件公司		焊接工艺过程卡	标记		产品型号	/	零（部）件图号	SZ954001101		总2页		第一页	
生产车间	焊接车间		S	/	产品名称	/	零（部）件名称	EGP支架总成		共2页		第一页	
送来部门		机加车间	送往部门		涂装车间		总工时（min）	8min30′		备注		2件/车	
工序号	工序内容	工序内容	设备			工艺设备			辅助材料			人员密度	单位工时（min）
			名称	型号	数量	名称	编号	数量	名称	规格	数量		
10	塞焊接	1.如蓝图所示尺寸，固定SZ954001102支架及SZ954001105（两个）、SZ954001106（两个），保证尺寸320±1，125±1，100±1，405±1，如图纸孔位塞焊16处，焊缝高度10mm，要求各零件之间焊接牢固、可靠，不得有裂纹，气孔等缺陷，焊缝平整，无虚焊、夹渣等焊接缺陷	CO_2焊机	NB-350	1	夹紧工装	自制	1	焊丝		0.123g	1	8
		2.清除焊渣、飞溅。		↳		焊渣锤		1					
		3.焊接参数：参考电流：170-260A焊接电压：19.5-27V，气流量：22-27L/分焊接速度：40-45cm/分											
20	检测	目测检验焊接外观100%，检验全尺寸，检测频率5件/次											
30	转电泳	涂漆按TQ4 SQB03005-2009											
40	喷码	喷涂永久性标识，具体尺寸位置如图所示	喷码机	F62								1	30′
审查人员				编制		校对		审核		标准化		批准	
		标记 / 处数 / 更改文件号 / 签字 / 日期 / 标记 / 处数 / 更改文件号 / 签字	日期	段鹏 2011.7.20		李勇 2011.7.20		刘斐 2011.7.20		于平 2011.7.20		徐强 2011.7.20	

分析任务

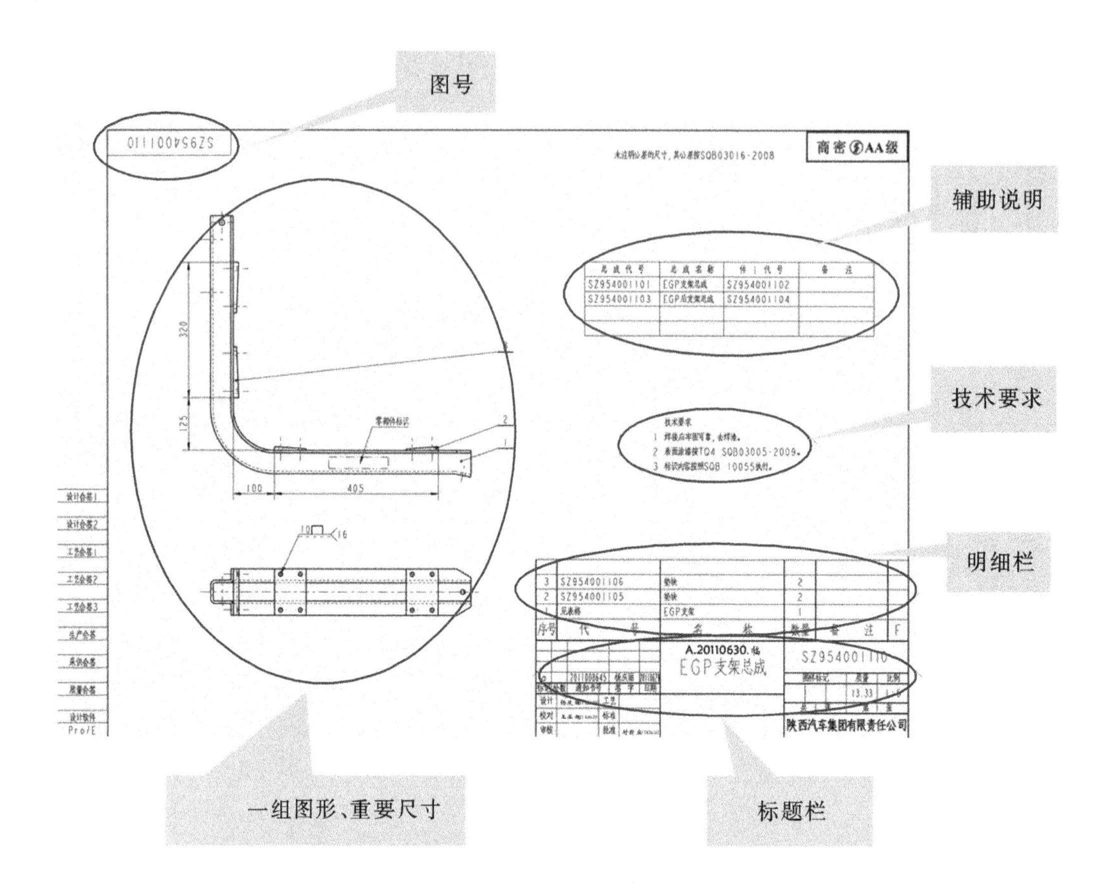

图1-6　图纸的组成

对照图形部分引线的序号、看明细栏

1. 零部件组成：

____

____

____

2. 重要的尺寸：

____

____

____

3. 焊缝位置、焊缝符号的含义：

____

____

____

4. 技术要求：

____

____

____

5. 焊接生产的主要工序（组装工艺顺序）：

____

____

____

小提示

对照图纸，分析工艺过程卡

完成任务还需要哪些知识呢？

相关知识学习

一、CO_2气体保护焊设备

1. CO_2气体保护焊设备组成

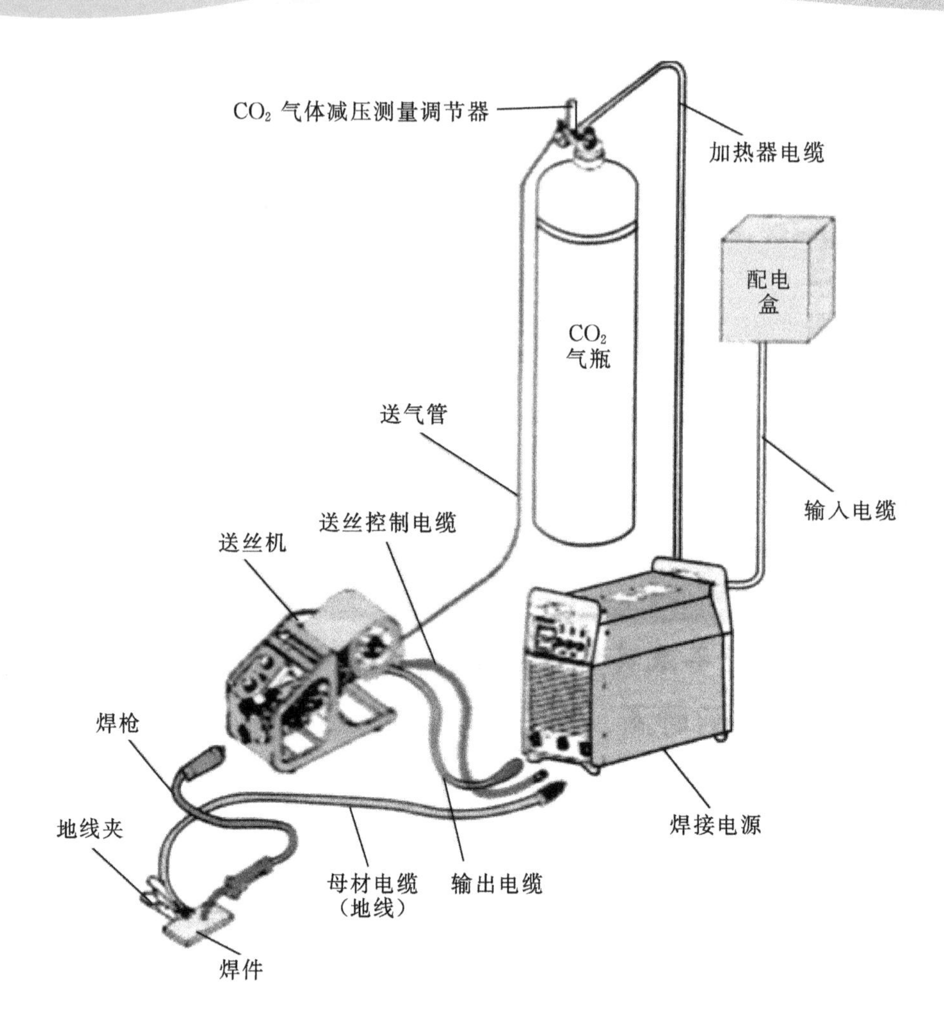

图1-7　CO_2气体保护焊设备连接结构图

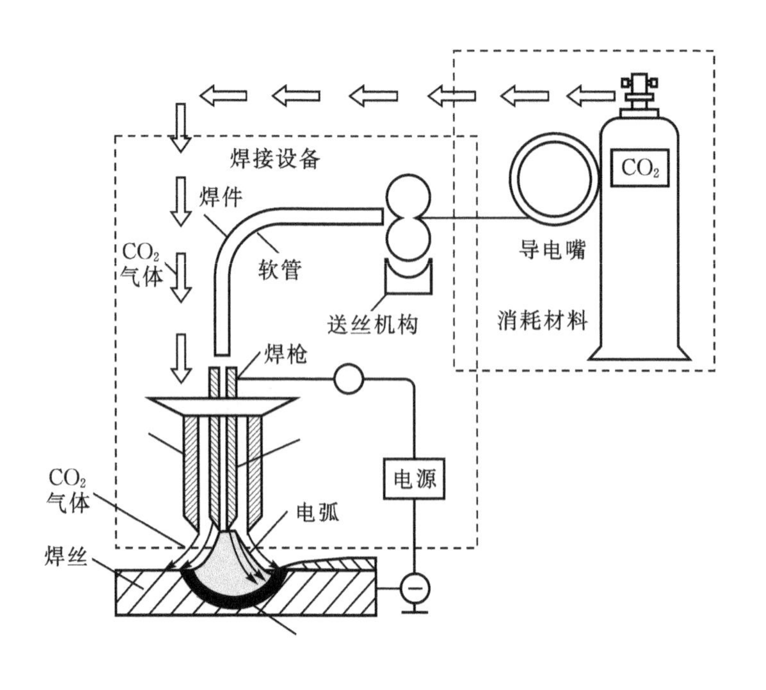

图1-8　CO_2气体保护焊焊接过程示意图

2. 焊接电源（焊机）

焊接电源型号的含义

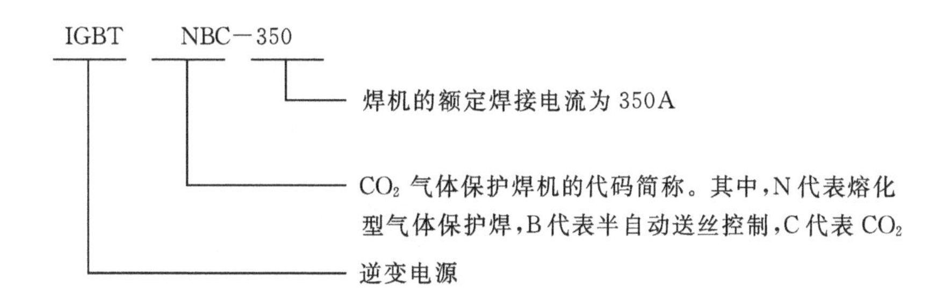

图1-9　CO_2气体保护焊焊接电源

图1-10　Nebula数字化逆变焊机

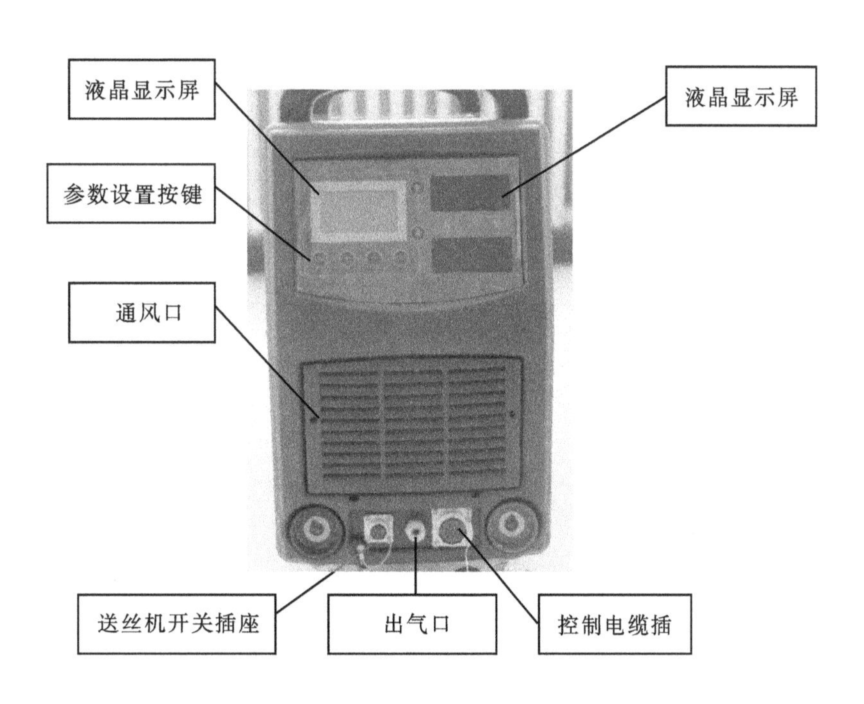

图1-11　Nebula数字化逆变焊机前面板图

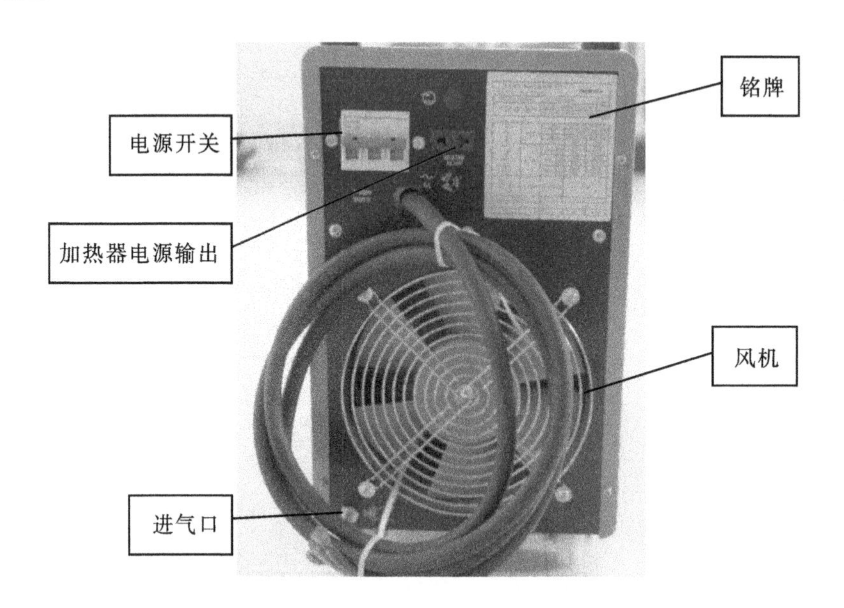

图1-12 Nebula数字化逆变焊机后面板图

3. 半自动CO_2气体保护焊送丝机构

送丝机构是焊机的重要组成部分，焊接电流的大小就是通过改变送丝速度来实现的。将焊丝按一定的速度连续不断地送至焊接电弧区，并在电弧热的作用下，熔化并作为填充金属而形成焊缝。

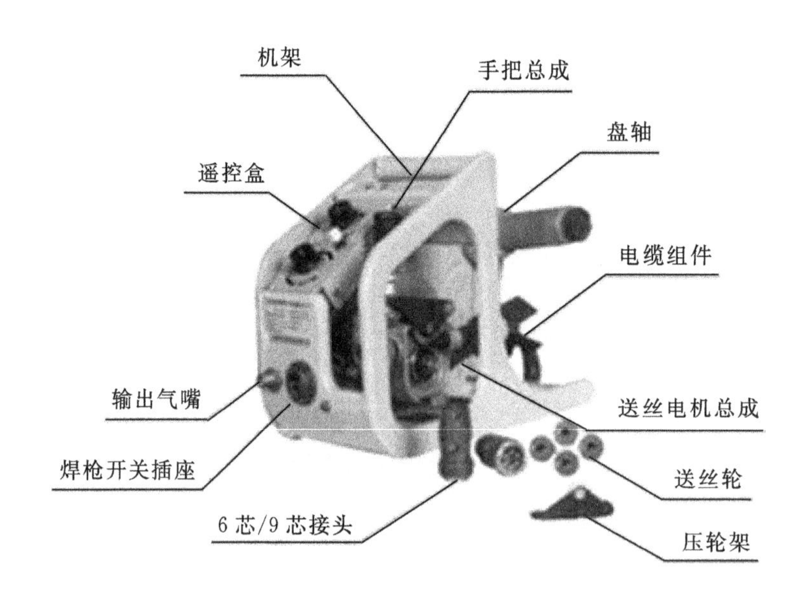

图1-13 半自动CO_2气体保护焊送丝机构

二、焊接工艺参数

焊接工艺参数是指焊接时，为保证焊接质量而选定的诸多物理量的总称，选择合适的焊接工艺参数，对提高焊接质量和提高生产效率很重要。各项工艺参数具体如下表1-3所示。

表1-3　CO_2焊接工艺参数

序号	工艺参数名称	实物或示意图	选择依据
1	焊丝直径	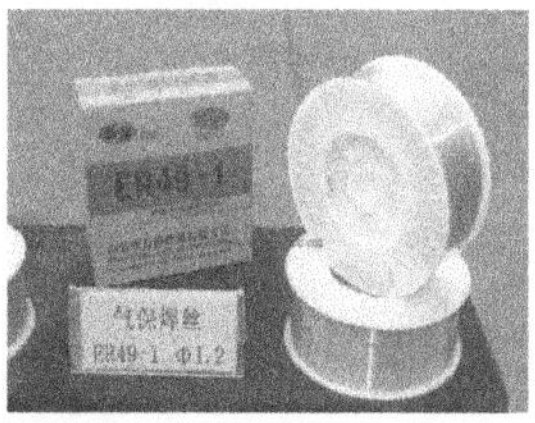	焊缝位置、焊件厚度、熔滴过渡形式
2	焊接电流		主要以焊丝直径为依据，其次根据工件厚度、坡口形式、熔滴过渡形式及生产率等
3	电弧电压		通常为17～24V，与焊接电流配合选定、大电流时一般为30～50V
4	焊接速度	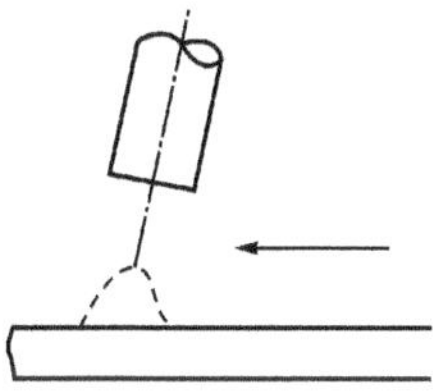	由生产率决定，与焊接电流有关
5	焊丝伸出长度	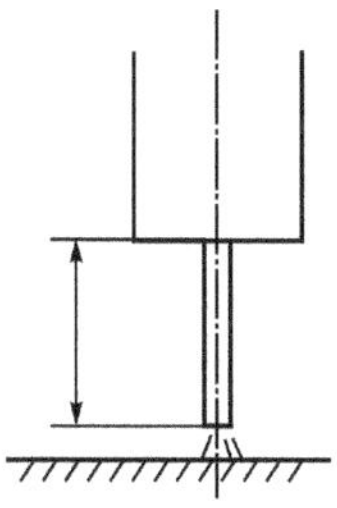	由焊丝直径决定，L=10d
6	气体流量	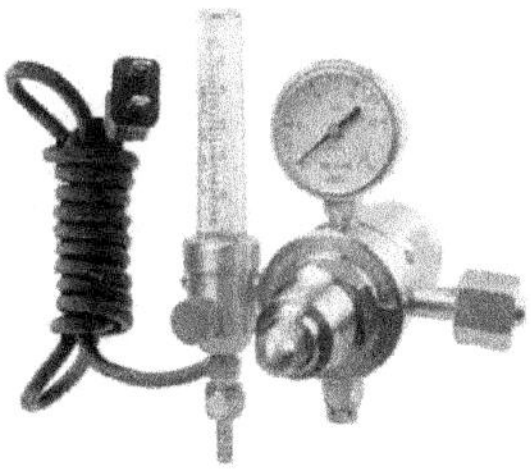	一般细丝焊的流量约为8～15L/min，粗丝焊的流量约为20L/min
7	电源极性	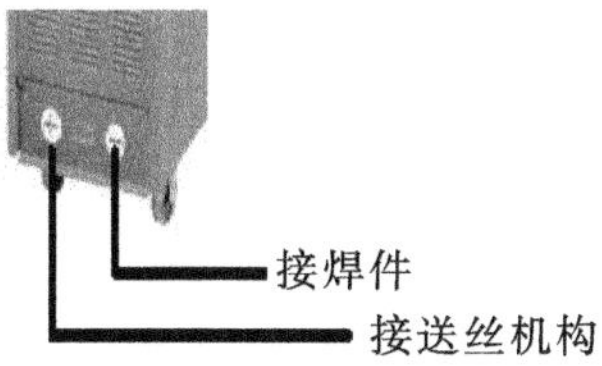 接焊件 接送丝机构	直流反接，即焊件接负极，焊丝接正极

想一想、练一练

（1）CO_2气体保护焊设备由_______、_______、_______、_______、_______等几部分组成。

（2）送丝机构由_______、_______、_______、_______、_______、_______等几部分组成。

（3）焊枪由_______、_______、_______、_______、_______、_______等几部分组成。

（4）CO_2的焊接工艺参数主要包含_______、_______、_______、_______、_______、_______等几部分组成。

学了以上知识，接下来我要干什么呢？

知识链接

工艺过程是一种最简单和最基本的工艺规程（指导施工的技术文件）形式，它对零件制造全过程作出粗略的描述。焊接工艺过程是工艺过程的焊接加工阶段，为了便于焊接符合规范要求的焊缝而提供指导的、经过评定合格的焊接工艺文件。

焊接工艺卡片按零件编写，一般包括以下内容：零件加工的工艺路线、各工序的具体加工内容，采用的设备和主要工装以及工时定额等。工序是完成产品加工的基本单元，指整个生产过程中各工段加工产品的次序，亦指各工段的加工。材料经过各道工序，加工为成品。

怎么编制工艺方案呢？下面有一张工艺卡，让我们一起来试试吧！

表1-4 焊接工艺卡

企业	焊接工艺卡	编号：			产品型号			部件图号		共 页
结构简图（参考EGP总成图纸）					产品名称			部件名称		第 页
					主要组成件					
					序号	图号		名称	材料	件数
工序号	工序焊接操作内容	焊接设备	工艺装备	焊接方法	焊接材料 焊条/焊丝	焊剂	电弧电压	焊接电流	其他工艺参数	工时

										设计	校对	审核	批准
标记	处数	标记	签字	日期	标记	处数	文件号	签字	日期				

明确了任务和工艺过程，让我们一起来干活吧！

任务实施

安全提示：

金属焊接电弧放电时，将产生熔化金属的高温高热，同时产生强烈的电弧光。因此，工作时应穿戴好工作服，预防弧光伤害及飞溅烫伤。

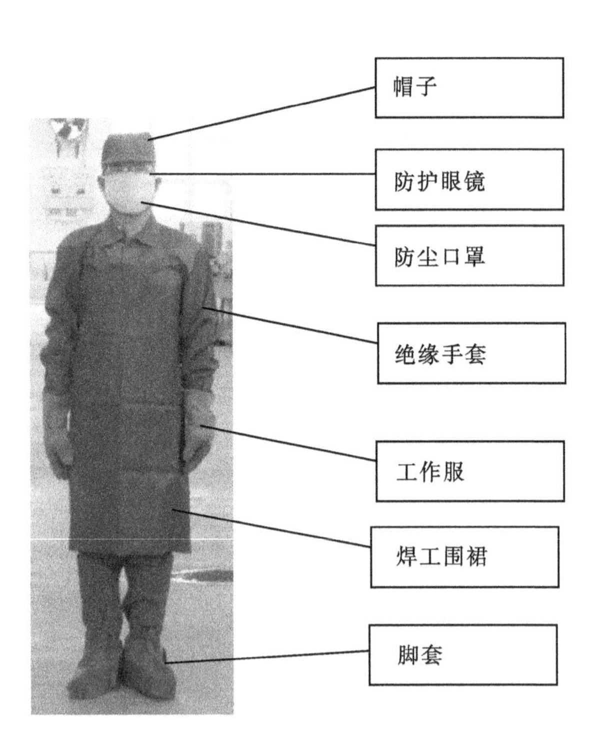

图1-14　个人防护

个人防护措施还有：______________________________

____

步骤一 焊前准备

1. EGP（油箱）支架总成、工卡量具焊前确认

参照工艺过程卡填写下表1-5。

表1-5 焊接作业前配备清单

内容	名称	规格	数量
试件材料			
焊接材料			
焊接设备			
工具			
量具			

2. 设备连线

请将下图1-15设备各部分的线路、管路用线条连接起来。

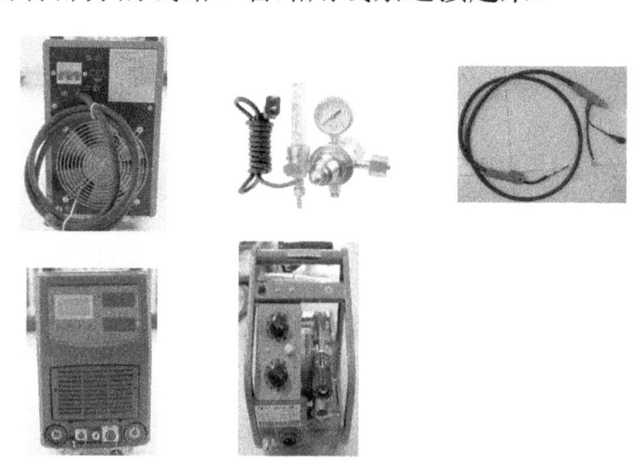

图1-15 设备接线图

3. 开启设备

合上电源空气开关（图1-16）、闭合焊接电源控制箱上的空气开关（图1-17），控制变压器即带电，电源指示灯亮。此时，表明焊丝送给机构和电流保护电路的电源电路已进入正常工作状态。

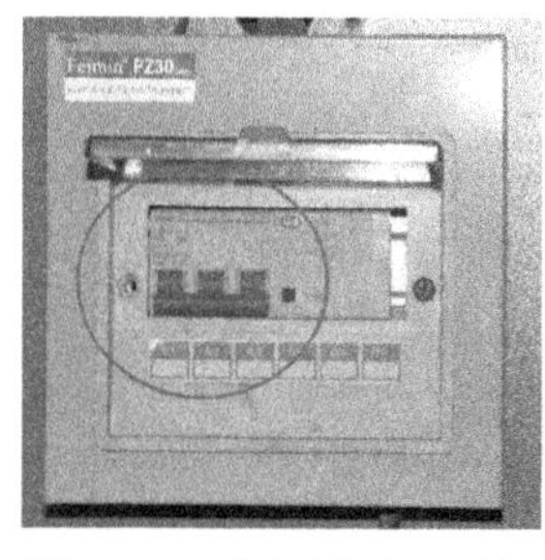

图1-16 电源空气开关

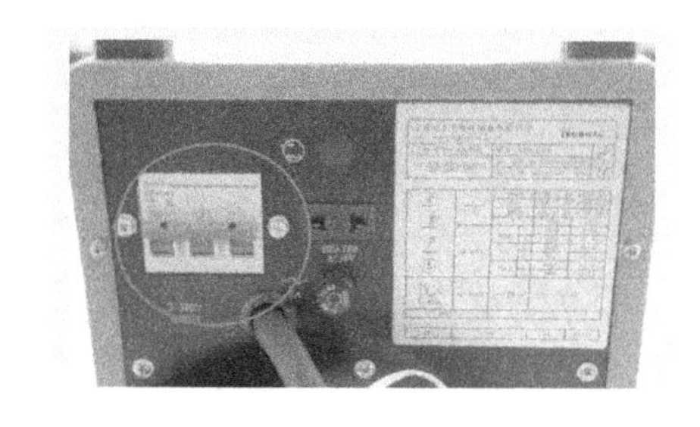

图1-17 焊接电源控制箱上的空气开关

步骤二 调节焊接工艺参数

参照EGP支架工艺卡完成下表1-6。

表1-6 EGP支架焊接工艺参数设置

焊机参数	焊丝直径	焊接电流	焊接电压	电弧力	收弧电流	收弧电压	初期电流	初期电压	操作方式	点焊时间	气体流量	回烧时间
数值												

步骤三 焊前清理

焊前用角磨机或钢丝刷对焊缝20mm范围内的水、锈、油清理干净。如下图1-18所示。

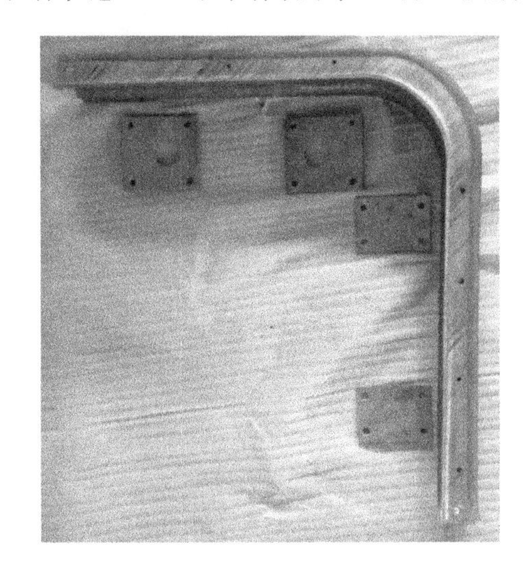

图1-18 EGP支架的焊前清理

步骤四 EGP（油箱）支架总成的装配、定位焊

装配定位焊前，对夹具的精确度进行检验、度量。先将EGP支架和垫块1用专用定位块定位，插入定位销，如下图1-19所示，再将另一垫块用专用定位块定位，插入定位销，如下图1-20所示，对首件装配尺寸用钢卷尺或钢板尺进行质量检测。支架各部位的尺寸符合图纸要求后，对焊件定位焊后，装配过程结束，转入下道工序进行焊接。

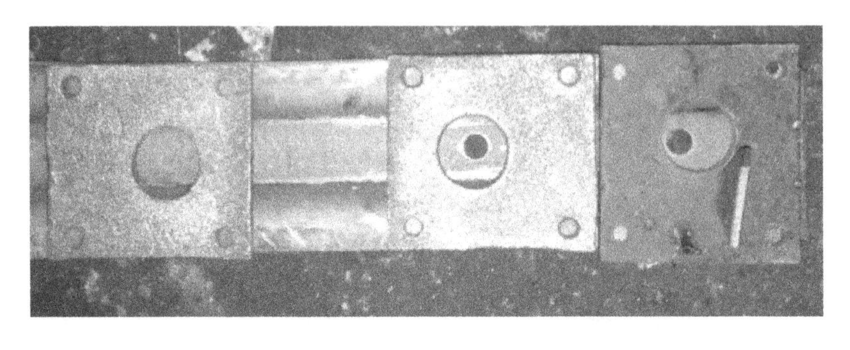

图1-19 垫块定位（一）

图1-20　垫块定位（二）

步骤五 EGP（油箱）支架总成的塞焊焊接

塞焊缝焊接操作时，焊枪沿塞焊孔的底部边沿焊一周后再向塞焊缝中间焊接将塞焊孔填满，在塞焊孔中间收弧，最后则形成如图1-21所示塞焊缝。

图1-21　完成后的塞焊缝

步骤六 焊后清理

待所有的塞焊孔焊接完成后，用角磨机清理焊缝周围的飞溅，矫正变形，焊接结束。

图1-22　清理干净的EGP支架

步骤七 焊缝自检

参照焊接工艺过程卡对焊缝质量进行检查。具体要求如下表1-7所示。

表1-7　焊缝质量检查表

项目	序号	考核要求	配分	评分标准	得分
焊前整备	1	电、气管路各接线部位正确牢靠、无破损	10	未达要求扣10分	
	2	送丝轮与焊丝直径相符，送丝轮沟槽干净清洁	10	有一项未达要求扣10分	
	3	试件表面无油、锈水等污物，且露出金属光泽	10	未达要求扣10分	
	4	焊接电压19.5-22V，焊接电流170-210A	10	有一项未达要求扣5分	
焊缝质量	1	保证装配尺寸320±1、125±1、110±1、405±1。	20	有一项未达要求扣5分	
	2	焊缝高度10±2mm	20	＜8、＞12扣10分	
	3	清理干净焊缝周围的飞溅等	20	未清理干净焊缝周围的飞溅扣20分	
安全生产	1	穿戴好劳动保护用品，包括工作服、绝缘鞋、焊工手套、面罩。		根据现场记录，违反规定扣5～10分	

温馨提示：

工作中，记得要按照6S的要求对现场进行管理，请对照下表检查下，你们做到了吗？

现场整理情况

图1-23　现场整理（1）

图1-24　现场整理（2）

表1-8　6S考核表

<table>
<tr><td colspan="4">检查者：</td><td colspan="3">检查日期：</td></tr>
<tr><td>项目</td><td>检查内容</td><td>配分</td><td>检查情况</td><td>得分</td><td>不合格项</td><td>改善速度</td></tr>
<tr><td rowspan="5">整理</td><td>1.现场有无不必要的物品存在。</td><td>5</td><td></td><td></td><td rowspan="5">3、5</td><td rowspan="5"></td></tr>
<tr><td>2.合格品与不合格品是否分开放置。</td><td>5</td><td></td><td></td></tr>
<tr><td>3.作业场所是否明确的区别清楚。</td><td>3</td><td></td><td></td></tr>
<tr><td>4.回收料与非回收料是否区分。</td><td>4</td><td></td><td></td></tr>
<tr><td>5.工具箱上是否有废弃资料、纸张等无用物品。</td><td>3</td><td></td><td></td></tr>
<tr><td rowspan="7">整顿</td><td>1.车间是否进行区域标识。</td><td>3</td><td></td><td></td><td rowspan="7">1、3、4</td><td rowspan="7"></td></tr>
<tr><td>2.物品是否按规划的区域放置。</td><td>4</td><td></td><td></td></tr>
<tr><td>3.物品摆放是否整齐；如工具箱等。</td><td>4</td><td></td><td></td></tr>
<tr><td>4.物品是否都有明确的标识。</td><td>3</td><td></td><td></td></tr>
<tr><td>5.车间通道是否畅通。</td><td>5</td><td></td><td></td></tr>
<tr><td>6.工具在使用后是否归回原位，并摆放整齐；如量具等。</td><td>3</td><td></td><td></td></tr>
<tr><td>7.焊接设备在使用完毕以后是否及时进行清理。</td><td>3</td><td></td><td></td></tr>
<tr><td rowspan="4">清扫</td><td>1.现场是否干净，有无经常打扫。</td><td>3</td><td></td><td></td><td rowspan="4"></td><td rowspan="4"></td></tr>
<tr><td>2.是否有材料掉在地上。</td><td>4</td><td></td><td></td></tr>
<tr><td>3.工具是否有定期保养。</td><td>4</td><td></td><td></td></tr>
<tr><td>4.车间光线、风扇是否适宜。</td><td>4</td><td></td><td></td></tr>
</table>

续表

检查者：				检查日期：		
清洁	1.以上3S是否经常化保持。	5			2	
	2.车间是否整洁、美观。	5				
素养	1.是否穿厂服、戴厂牌，且整洁得体。	2				
	2.工作是否精神饱满。	4				
	3.对人是否热情大方，有礼貌。	3				
	4.是否遵守各项规章制度。	3				
	5.搬货时是否“轻拿轻放”。	3				
安全	1.是否违规操作。	5			3、4	
	2.是否私拉乱接电线、插座，	3				
	3.电源开关是否留出安全位置。	3				
	4.消防器材是否整齐。	4				

任务终于完成了，现在就让我们检验并提交任务吧！

检查验收

表1-9　交付验收单

验收单			
验收部门	焊接车间	验收日期	
零件名称	EGP（油箱）支架总成		
验收情况			
序号	内容	验收结果	备注
1			
2			
3			
验收结论			
	小组互检： 合格：　不合格： 签名： 年　月　日	检验员检验：（教师） 合格：　不合格： 签名： 年　月　日	

我的焊缝为什么会出现这样的缺陷呢？

表1-10 焊接缺陷—弧坑

类型	图例	产生原因	防止措施
弧坑		没供给CO_2	检查送气阀门是否打开，气瓶是否有气，气管是否堵塞或破断
		风大，保护效果不充分	挡风
		焊嘴内有大量粘附飞溅物，气流混乱	除去粘在焊嘴内的飞溅
		使用的气体纯度太差	使用焊接专用气体
		焊接区污垢（油、锈、漆）严重	焊接区清理干净
		电弧太长或保护罩与工件距离太大或严重堵塞	降低电弧电压，降低保护罩或清理、更换保护罩
		焊丝生锈	使用正常的焊丝

任务终于完成了，最后让我们来总结一下吧！

工作小结

这是我做的最骄傲的事！

主要对工作过程中的知识、技能等进行总结。

这是我应该反思的！

加油，我会做的更好！

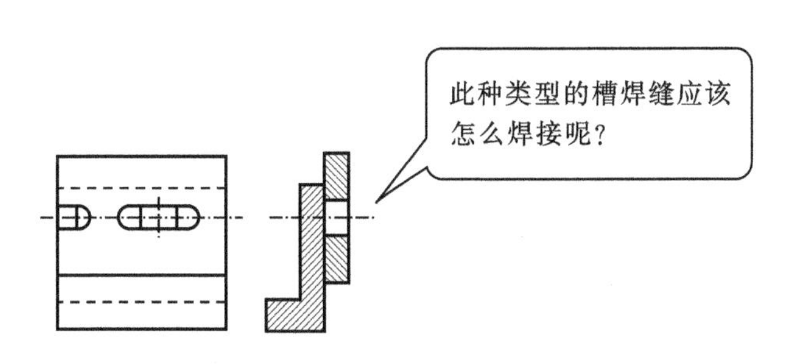

图1-25　槽焊缝

让我们来了解一下任务吧！

大箱是重卡汽车的主要承载、运输的重要部件，该部件在制造中主要由钢板拼接而成，焊缝类型为对接焊缝，板厚一般为3～5mm，主要采用CO_2气体保护焊，现在由于企业生产任务时间紧迫，委托我校焊接专业在7天的时间里完成重卡大箱侧围200件的焊接任务。

接受任务

这是上级部门给我们的任务单！

表1-11　生产派工单

生产派工单 编　号：							
产品名称	重卡大箱侧围		产品图号	SZ954001110		接单人	王钦
生产单位	焊接加工车间		派工日期	2014.5.20		操作者	
生产说明：要求各零件之间焊接牢固可靠，不得有裂纹、未焊透、气孔夹渣等缺陷。 清除焊渣、飞溅等。							
要求完成日期	2014.5.27	数量	200件	单件/工时	8min	总工时	5天
备 注	重卡大箱侧围图纸附后						
派　工：杨金平				审　批：蔡立新			

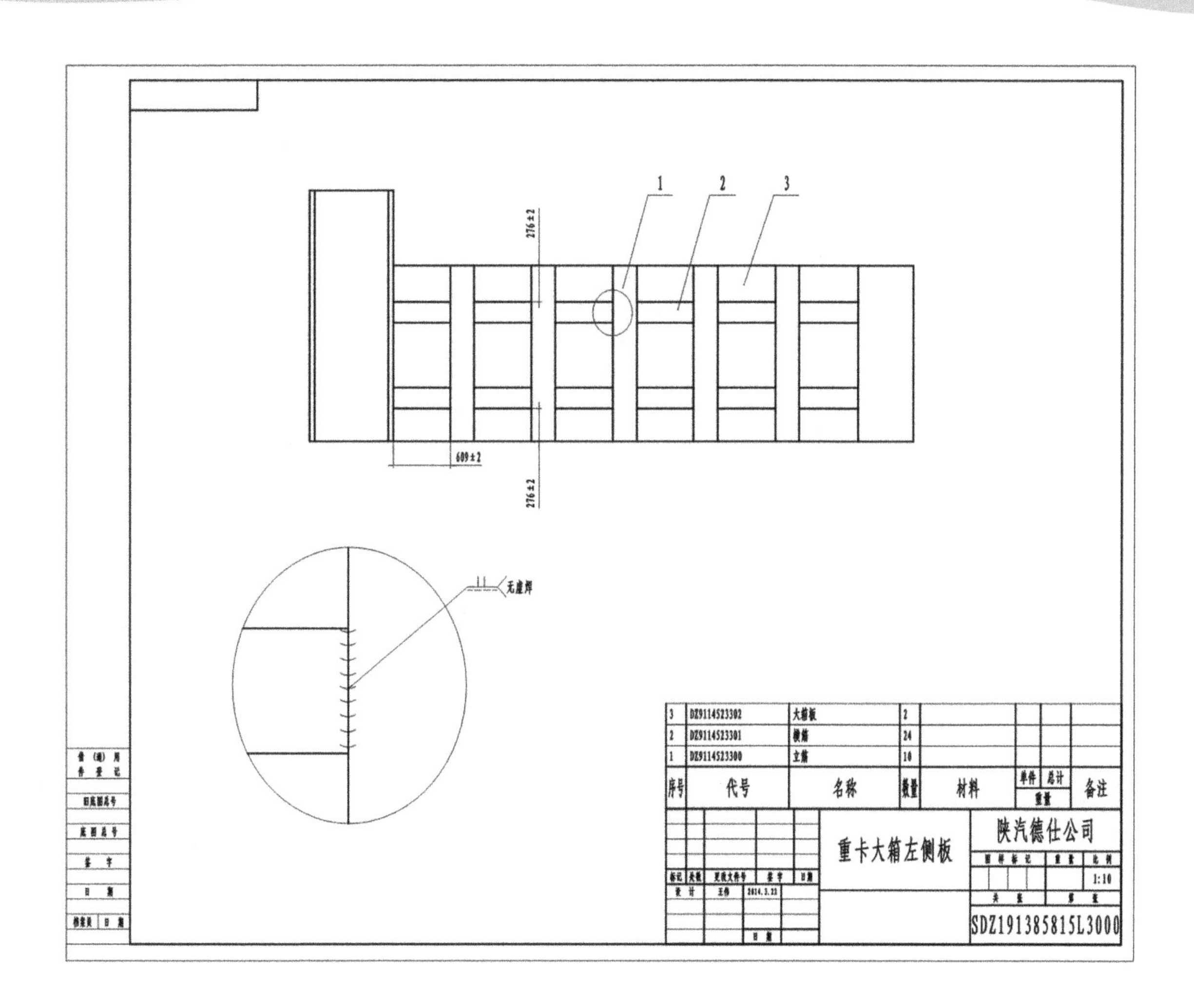

图1-26　重卡大箱侧围图

表1-12　重卡大箱侧围工艺卡

<table>
<tr><td>企业</td><td>焊接工艺卡</td><td>编号：</td><td>产品型号</td><td>/</td><td>部件图号</td><td>SDZ191385815L3000</td><td>共 1 页</td></tr>
<tr><td colspan="3" rowspan="5">结构简图（参考重卡大箱左侧板图纸）</td><td>产品名称</td><td>/</td><td>部件名称</td><td>重卡大箱左侧板</td><td>第 1 页</td></tr>
<tr><td colspan="5">主要组成件</td></tr>
<tr><td>序号</td><td colspan="2">图号</td><td>名称</td><td>材料</td><td>件数</td></tr>
<tr><td></td><td colspan="2"></td><td></td><td></td><td></td></tr>
<tr><td></td><td colspan="2"></td><td></td><td></td><td></td></tr>
</table>

<table>
<tr><td rowspan="2">工序号</td><td rowspan="2">名称</td><td rowspan="2">工序焊接操作内容</td><td rowspan="2">焊接设备</td><td rowspan="2">工艺装备</td><td rowspan="2">焊接方法</td><td colspan="2">焊接材料</td><td rowspan="2">电弧电压</td><td rowspan="2">焊接电流</td><td rowspan="2">其他工艺参数</td><td rowspan="2">工时</td></tr>
<tr><td>焊条/焊丝</td><td>焊剂</td></tr>
<tr><td>10</td><td>焊接</td><td>1. 如图所示尺寸，固定立筋、横筋，保证尺寸609±2，276±2，要求各零件之间焊接牢固，可靠，不得有裂纹，气孔等缺陷，焊缝平整，无虚焊，夹渣等焊接缺陷。
2. 清除焊渣，飞溅。</td><td>CO_2焊机型号：NBC-350</td><td>夹紧工装</td><td></td><td>焊丝型号：H08Mn2SiA</td><td></td><td>19.5-27V</td><td>170-260A</td><td>气流量：22-27L/分
焊接速度：40-45CM/分</td><td>12</td></tr>
<tr><td>20</td><td>检测</td><td>目测检验焊接外观100%，检验外观尺寸，检验频率5件/次</td><td></td><td></td><td></td><td></td><td></td><td></td><td></td><td></td><td></td></tr>
<tr><td></td><td></td><td></td><td></td><td></td><td></td><td></td><td></td><td></td><td></td><td></td><td></td></tr>
<tr><td></td><td></td><td></td><td></td><td></td><td></td><td></td><td></td><td></td><td></td><td></td><td></td></tr>
<tr><td></td><td></td><td></td><td></td><td></td><td></td><td></td><td></td><td></td><td></td><td></td><td></td></tr>
<tr><td></td><td></td><td></td><td></td><td></td><td></td><td></td><td></td><td></td><td></td><td></td><td></td></tr>
<tr><td></td><td></td><td></td><td></td><td></td><td></td><td></td><td></td><td></td><td></td><td></td><td></td></tr>
<tr><td></td><td></td><td></td><td></td><td></td><td></td><td></td><td></td><td></td><td></td><td></td><td></td></tr>
</table>

<table>
<tr><td></td><td></td><td></td><td></td><td></td><td></td><td></td><td></td><td></td><td></td><td>设计</td><td>校对</td><td>审核</td><td>批准</td></tr>
<tr><td>标记</td><td>处数</td><td>标记</td><td>签字</td><td>日期</td><td>标记</td><td>处数</td><td>文件号</td><td>签字</td><td>日期</td><td></td><td></td><td></td><td></td></tr>
</table>

分析任务

图纸分析

1. 零部件组成

2. 重要的尺寸

3. 焊缝位置、焊缝符号的含义

4. 技术要求

5. 焊接生产的主要工序（组装工艺顺序）

完成任务还需要哪些知识呢？

一、CO_2保护气体

1. CO_2保护气体性质及作用

表1-13 CO_2保护气体性质及作用

气体名称	主要特征	在焊接中的应用
CO_2	化学性质稳定，不燃烧、不助燃、在高温时能分解为CO和O，对金属有一定氧化性。能液化，液态CO_2蒸发时吸收大量热，能凝固成固态CO_2，俗称干冰。	焊接时配焊丝可作为保护气体，如CO_2气体保护焊和CO_2+Ar等混合气体保护焊。

2. CO_2气瓶

焊接用的CO_2气体为装入钢瓶的液态CO_2，既经济又方便。钢瓶外涂铝白色，并写有黑色“二氧化碳”的字样。容量为40 L的钢瓶，可灌装25 kg液态CO_2，满瓶压力约为5～7 Mpa。钢瓶中液态和气态CO_2分别约占钢瓶容积的80%和20%。焊接用的CO_2气体必须具有较高的纯度。

图1-27 CO_2气瓶

CO_2气瓶中气压降到980 kpa时，应停止CO_2焊，此时由于CO_2气体中所含水分比饱和气压下增加3倍左右，如果继续焊接，将使焊缝产生气孔。

市售的CO_2气体水分含量较高、纯度偏低时，怎么办呢？

CO_2气体提纯的方法有：

____

____

二、CO_2焊丝

CO_2保护焊所用的焊丝，在$\Phi0.5$～$\Phi5.0$mm范围内，焊丝的表面有镀铜和不镀铜两种。

CO_2焊丝的主要作用是填充金属和传导焊接电流。通过焊丝向焊缝过渡合金元素，对于自保护药芯焊丝，焊接过程中还起到保护、脱氧和去氮等作用。

图1-28　CO_2保护焊所用的焊丝

1. 焊丝分类

CO_2焊焊丝通常分为实芯焊丝和药芯焊丝两种。实芯焊丝是由金属线材直接拉拔而成的焊丝；药芯焊丝是将薄钢带卷成圆形钢管或异形钢管的同时，在其中添加一定成分的药剂，经拉制而成的焊丝。

2. 常用实心焊丝的型号、牌号

焊丝型号举例：

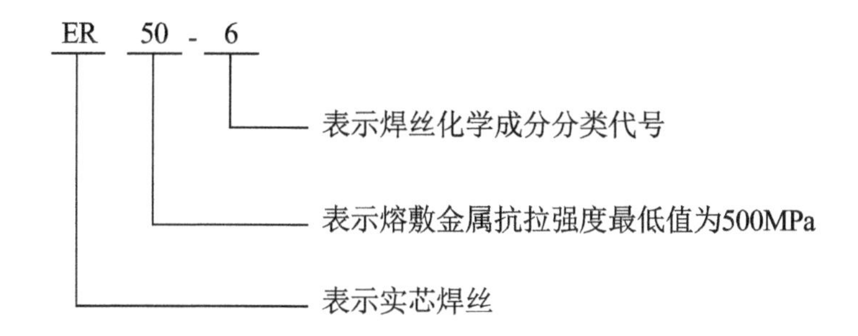

焊丝牌号举例：

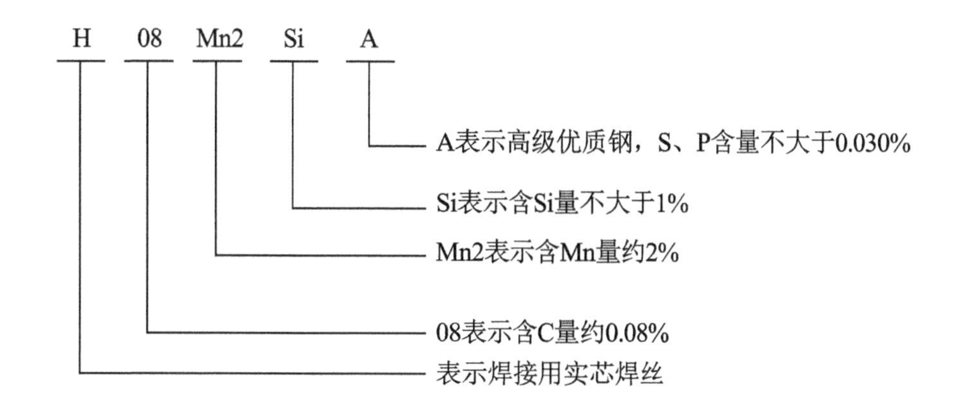

每种焊丝产品只有一个牌号，但多种牌号的焊丝可以同时对应一种型号。

3. CO_2焊丝的使用要求

为保证焊缝金属有良好的力学性能，防止焊缝产生气孔，CO_2焊所用焊丝必须比母材含有更多的Mn和Si等元素。为减少飞溅，焊丝含碳量应限制在0.01%以下，并控制 s、p 含量。

（1）焊丝应有一定硬度和刚度，防止焊丝被送丝滚轮压扁或压出深痕，焊丝从导电嘴送出后要有一定的挺直度。

（2）焊丝表面水、油、锈等污物，使用前要清理干净。

三、引弧和收弧技术

1. 引弧技术

引弧前必须预送一定量的气体，以吹除气体软管中残存的空气，并使焊接区具有足够的保护气体。通常焊机上都设有预送气时间调节按钮，在焊接前应检查此旋钮的位置是否符合要求。在一般情况下，预送气时间可调到1～3 s。必要时，应按下检气开关检查保护气体流量。

引弧操作多采用直接接触法。即焊丝以给定的速度送出，焊丝端与待焊工件接触形成短路而引燃电弧。由于焊接时送丝速度较高，冲力较大，与焊件相碰时会产生较大的反弹力。此时，必须压住焊枪，使焊枪喷嘴与工件表面的距离保持在规定的范围内。为确保引弧成功，因采用下列措施：

（1）焊丝端头应光洁，无任何氧化皮和焊渣，引弧前应注意剪掉粗大的焊丝球状端头，因为球状端头的存在等于加粗了焊丝直径，并在该球面端头表面上覆盖一层氧化膜，对引弧不利。

（2）应将引弧处的工件表面清理干净，不允许附着任何影响导电性的污染物。

（3）引弧时焊丝与焊件不要接触太紧，如果接触太紧或接触不良都会引起焊丝成段烧断，为此引弧前要求焊丝端头与焊件保持2～3mm距离。

（4）为了消除未焊透、气孔等引弧的缺陷，对接焊应采用引弧板，或在距板材端部2～4mm处引弧，然后缓慢引向接缝的端头，待焊缝金属熔合后，再以正常焊接速度前进。

2. 收弧技术

与焊条电弧焊的操作相似，收弧前应先填满弧坑。收弧操作应按下列程序完成：按下焊枪停止开关，先停丝，在预置的返烧时间结束后切断焊接电源，保护气体延迟给送一段时间后再停气。上述程序每一周期的时间可在焊机控制面板上预先设定。

想一想、练一练

（1）CO_2气体的纯度对焊缝有何影响？______________________________
____。

（2）CO_2焊对焊丝有何要求？______________________________
____。

（3）常用焊丝牌号、直径有：______________________。

学了以上知识，接下来我要干什么呢？

制定工艺方案

焊丝直径根据焊件厚度、焊接空间位置及生产率的要求选择。一般情况下，薄板（≤6 cm）或中厚板板（≥6 cm），在立、横、仰位焊接时，用直径1.2 mm以下的焊丝；中厚板平焊焊接时，用直径1.2 mm以上的焊丝。

下面有一张工艺卡，让我们一起来编制吧！

重卡大箱侧围是板厚为4 mm的Q235A钢，由于钢板较薄，焊接过程中为防止烧穿，焊接时不开坡口，选用1.0 mm的H08Mn2S$_{\text{I}}$A，焊丝伸长长度为焊丝直径的10倍，即10 mm左右。

表1-14 焊接工艺卡

<table>
<tr><td colspan="2">企业</td><td colspan="2">焊接工艺卡</td><td colspan="2">编号：</td><td colspan="2">产品型号</td><td colspan="2"></td><td>部件图号</td><td></td><td colspan="2">共 页</td></tr>
<tr><td colspan="6" rowspan="5">焊接简图（参考重卡大箱侧围图纸）</td><td colspan="2">产品名称</td><td colspan="2"></td><td>部件名称</td><td></td><td colspan="2">第 页</td></tr>
<tr><td colspan="8">主要组成件</td></tr>
<tr><td colspan="2">序号</td><td colspan="2">图号</td><td>名称</td><td>材料</td><td colspan="2">件数</td></tr>
<tr><td colspan="2"></td><td colspan="2"></td><td></td><td></td><td colspan="2"></td></tr>
<tr><td colspan="2"></td><td colspan="2"></td><td></td><td></td><td colspan="2"></td></tr>
<tr><td rowspan="2">工序号</td><td colspan="2" rowspan="2">工序焊接操作内容</td><td rowspan="2">焊接设备</td><td rowspan="2">工艺装备</td><td rowspan="2">焊接方法</td><td colspan="3">焊接材料</td><td rowspan="2">电弧电压</td><td rowspan="2">焊接电流</td><td rowspan="2">其他工艺参数</td><td colspan="2" rowspan="2">工时</td></tr>
<tr><td colspan="2">焊条/焊丝</td><td>焊剂</td></tr>
<tr><td></td><td colspan="2"></td><td></td><td></td><td></td><td colspan="2"></td><td></td><td></td><td></td><td></td><td colspan="2"></td></tr>
<tr><td></td><td colspan="2"></td><td></td><td></td><td></td><td colspan="2"></td><td></td><td></td><td></td><td></td><td colspan="2"></td></tr>
<tr><td></td><td colspan="2"></td><td></td><td></td><td></td><td colspan="2"></td><td></td><td></td><td></td><td></td><td colspan="2"></td></tr>
<tr><td></td><td colspan="2"></td><td></td><td></td><td></td><td colspan="2"></td><td></td><td></td><td></td><td></td><td colspan="2"></td></tr>
<tr><td></td><td colspan="2"></td><td></td><td></td><td></td><td colspan="2"></td><td></td><td></td><td></td><td></td><td colspan="2"></td></tr>
<tr><td></td><td colspan="2"></td><td></td><td></td><td></td><td colspan="2"></td><td></td><td></td><td></td><td></td><td colspan="2"></td></tr>
<tr><td></td><td colspan="2"></td><td></td><td></td><td></td><td colspan="2"></td><td></td><td></td><td></td><td></td><td colspan="2"></td></tr>
<tr><td></td><td colspan="2"></td><td></td><td></td><td></td><td colspan="2"></td><td></td><td></td><td></td><td></td><td colspan="2"></td></tr>
<tr><td></td><td></td><td></td><td></td><td></td><td></td><td></td><td></td><td></td><td></td><td>设计</td><td>校对</td><td>审核</td><td>批准</td></tr>
<tr><td>标记</td><td>处数</td><td>标记</td><td>签字</td><td>日期</td><td>标记</td><td>处数</td><td>文件号</td><td>签字</td><td>日期</td><td></td><td></td><td colspan="2"></td></tr>
</table>

明确了任务和工艺过程，让我们一起来干活吧！

任务实施

安全提示：

点动操作时要注意：（1）不要为了确认焊丝是否被送出而观察导电嘴孔，不要将焊枪的前端靠近脸部、眼睛及身体。因为焊丝快速送出时，会刺伤脸部、眼睛或身体。（2）点动时不要将手指、头发、衣服等靠近送丝轮等转动部位，有被卷入的危险。

步骤一 焊前准备

1. 重卡大箱侧围工卡量具焊前确认

参照重卡大箱侧围图纸填写下表

表1-15 焊接作业前配备清单

内容	名称	规格	数量
试件材料			
焊接材料			
焊接设备			
工具			
量具			

2. 安装焊丝

（1）将焊丝盘安装到送丝机构的轴上，注意焊丝的出丝方向要正确，然后拧紧把手。

（2）安装与焊丝直径相匹配的送丝轮，送丝轮上的丝径标号应朝外侧，如图1-29所示。图1-30和图1-31分别为送丝轮与焊丝直径配合错误与正确示意图。

必须拧紧紧定螺母以保证送丝轮槽与SUS导套帽的同心度。每天作业前应查看其是否松动，否则将增加送丝阻力或刮伤焊丝，从而引起焊接电弧不稳，影响焊接质量。

（3）抬起加压臂，如图1-32所示，将焊丝插入SUS导套帽2～3 cm。

（4）加压臂复位，并用加压手柄紧固，旋转加压手柄到所用焊丝直径刻度的上方。

（5）按住焊枪开关，将焊丝送出焊枪导电嘴1～2 cm后放开焊枪开关。

（6）在焊枪上安转与丝径相配的导电嘴，并拧紧喷嘴。

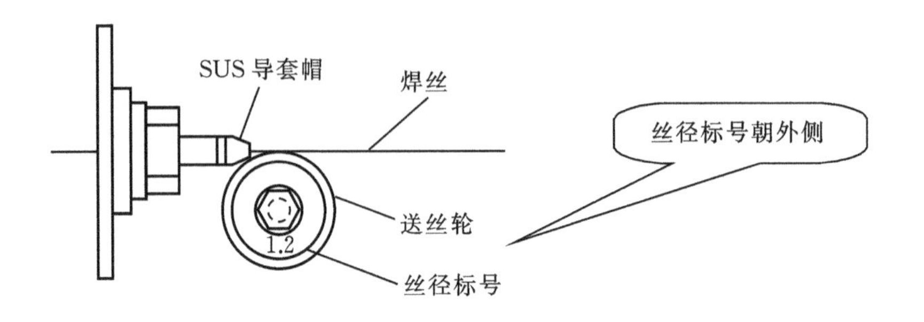

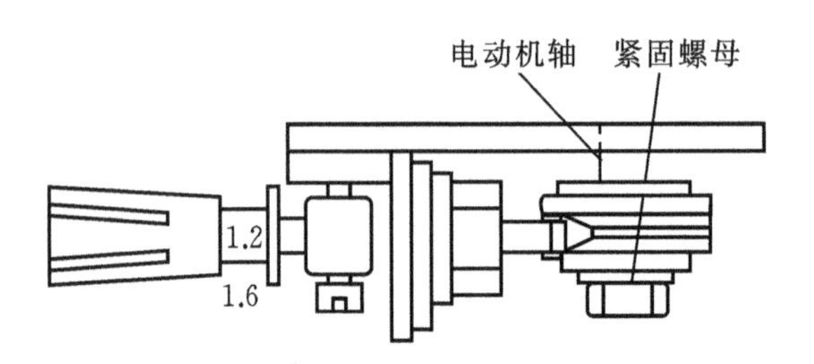

图1-29　送丝轮安装示意图

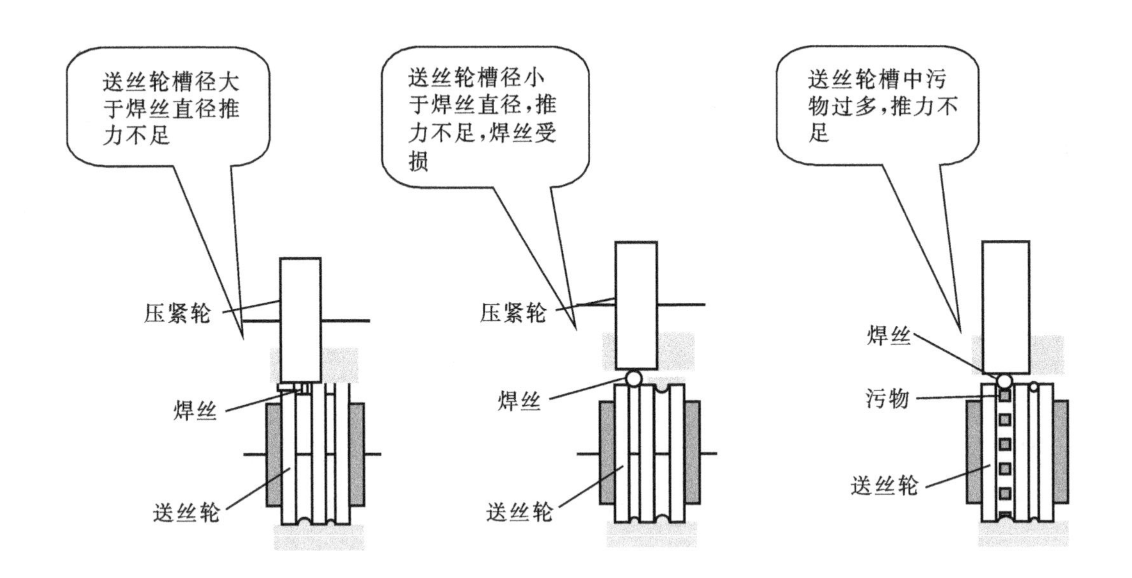

图1-30　送丝轮的错误应用

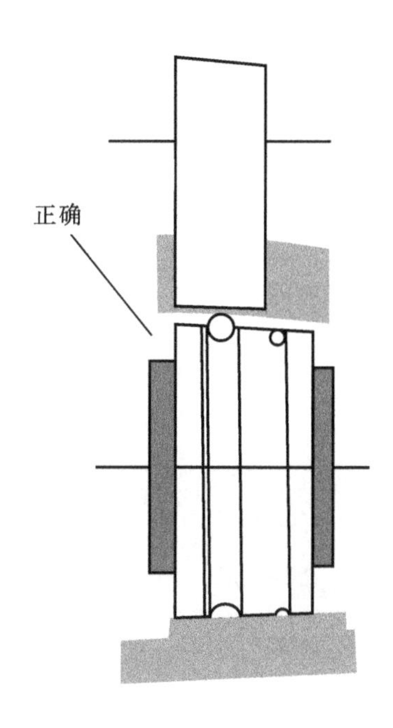

图1-31　送丝轮的正确应用

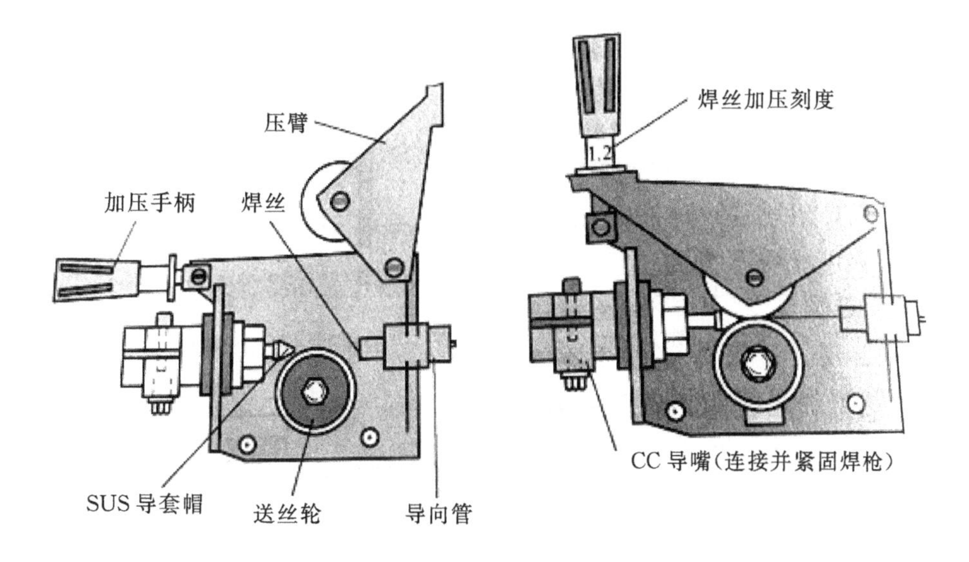

图1-32　焊丝安装示意图

步骤二 调节焊接工艺参数

参照焊接工艺卡完成表1-16。

表1-16　重卡大厢侧围工艺参数设置

焊机参数	焊丝直径	焊接电流	焊接电压	电弧力	收弧电流	收弧电压	初期电流	初期电压	操作方式	点焊时间	气体流量	回烧时间
数值												

步骤三 焊前清理

焊前采用角磨机对焊缝20 mm范围内的氧化皮、水、锈、油等污物进行清理，直至露出金属光泽。

步骤四 重卡大箱侧围的装配、定位焊

如图1-33所示，不留装配间隙，在焊件两端头20 mm内进行定位焊，定位焊缝长10～15 mm。

图1-33　重卡大箱侧围装配定位焊

步骤五 重卡大箱侧围的焊接

采用左焊法。引弧前剪掉粗大的焊丝球状端头，使之成为锐角，防止飞溅。采用直接接触法引弧，在距离板材端部2 mm处，按下焊枪开关（如图1-34所示），随后自动送气、送丝，焊丝与焊件表面接触而发生短路，引燃电弧（如图1-35所示），然后缓慢将电弧引向接缝的端头，先将电弧稍微拉长一些，以此达到对焊道进行适当预热的目的，然后压低电弧进行始端的焊接。当起始端焊缝形成所需宽度（8～10 mm）后，以图1-36所示方式摆动焊枪并匀速向前焊接，焊接过程中焊丝端头与焊件保持2～3 mm的距离，喷嘴与焊件间保持10～15 mm的距离。注意控制整条焊道的宽度和直线度。

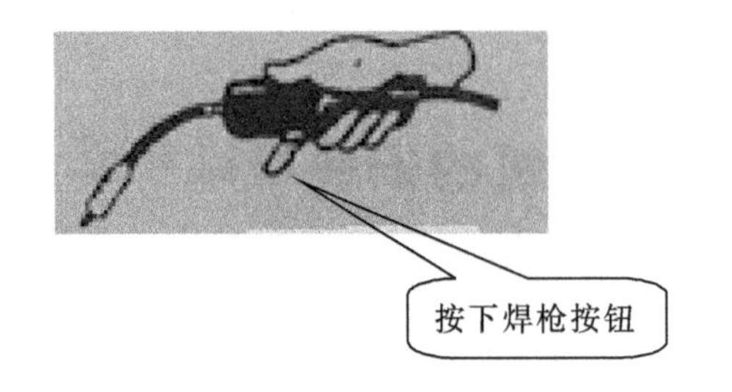

图1-34　引弧前

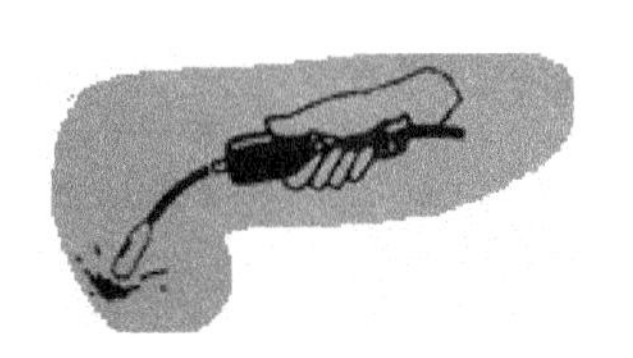

图 1-35　引弧后

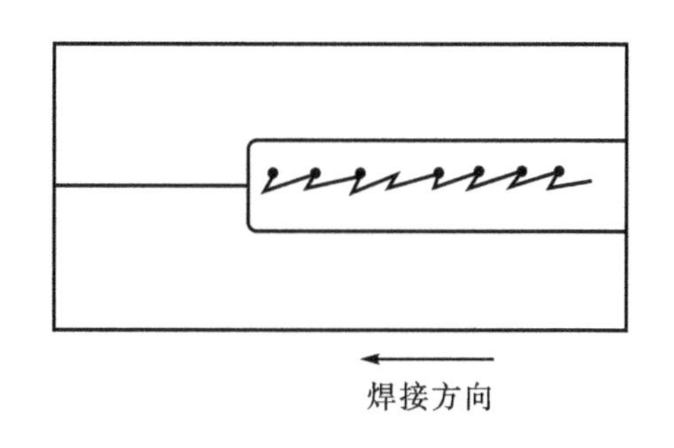

图1-36　平焊焊接时焊枪摆动方式

焊接结束后，关闭供气系统开关，关闭“电源”开关，指示灯灭。

在CO_2焊过程中，按焊件的形状和施工条件，分为左向焊法（如图1-37所示）和右向焊法（如图1-38所示）。一般CO_2气体保护焊时均采用左向焊法，前倾角为10°～15°。

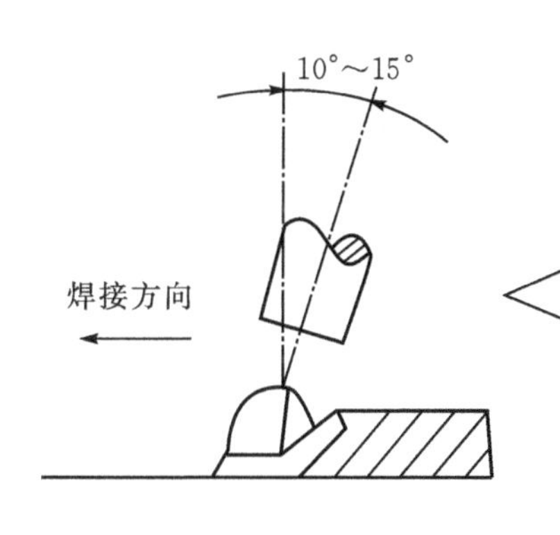

焊枪自右向左移动。操作时，电弧的吹力作用在熔池及其前沿处，将熔池金属向前推延，由于电弧不直接作用在母材上，因此熔深较浅，焊道平坦且变宽，飞溅较大，保护效果好。此法虽然观察熔池困难些，但易于掌握焊接方向，不易焊偏。

图 1-37　左向焊法

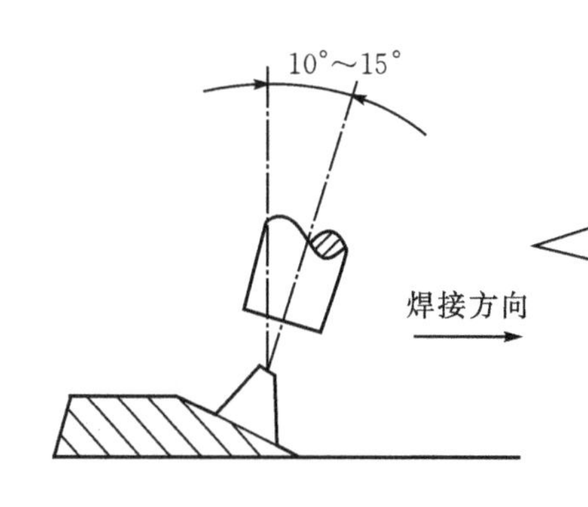

焊枪自左向右移动。操作时，电弧直接作用在母材上，熔深较大，焊道窄而高，飞溅略小，但不易准确掌握焊接方向，容易焊偏。尤其是对接焊时更明显。

图 1-38　右向焊法

表1-17 CO_2焊左焊法与右焊法比较

比较内容	左焊法	右焊法
焊道的形状		
熔深		
飞溅的发生		
熔透焊道		
小电流（＜100A）时电弧的稳定性		
操作难易程度		

经验交流

步骤六 焊后清理

待所焊接完成后，用角磨机清理焊缝周围的飞溅，矫正变形，焊接结束。

步骤七 焊缝自检

参照图纸、焊接工艺卡对焊缝质量进行检查，用焊接检验尺进行测量。具体要求如下表所示：

附表：1-18　焊缝自检评分表

项目	序号	考核要求	配分	评分标准	得分
焊前准备	1	电、气管路各接线部位正确牢靠、无破损	10	未达要求扣10分	
	2	送丝轮与焊丝直径相符，送丝轮沟槽干净清洁	10	未达要求扣10分	
	3	试件表面无油、锈水等污物，且露出金属光泽	10	未达要求扣10分	
	4	焊接电压19.58～22V，焊接电流1708～210A	10	有一项未达要求扣5分	
焊缝质量	1	焊缝宽度为8～10mm，宽度差不大于2mm；焊缝余高0～3mm，余高差不大于2mm	20	有一项未达要求扣10分	
	2	无气孔、焊瘤、凹陷、未焊透等缺陷	20	有一项未达要求扣5分	
	3	焊道波纹均匀、美观	10	酌情扣分	
	4	清理干净焊缝周围的飞溅等	10	未清理干净焊缝周围的飞溅扣10分	
安全生产	1	穿戴好劳动保护用品，包括工作服、绝缘鞋、焊工手套、面罩		根据现场记录，违反规定扣5～10分	

工作中，记得要按照6S的要求对现场进行管理，请对照下表检查下，你们做到了吗？

现场整理情况

表1-19　现场整理核对表

	整理	整顿	清扫	清洁	安全	素养
设备						
工具						
工作场地						

注：完成的项目打“√”，没有完成的打“×”。

任务终于完成了，现在就让我们检验并提交任务吧！

检查验收

表1-20　交付验收单

验收单			
验收部门	焊接车间	验收日期	
零件名称	EGP（油箱）支架总成		
验收情况			
序号	内容	验收结果	备注
1			
2			
3			
验收结论			
	小组互检： 合格：　不合格： 签名： 年　月　日	检验员检验：（教师） 合格：　不合格： 签名： 年　月　日	

我的焊缝为什么会出现这样的缺陷呢？

表1-21　焊接缺陷—咬边

类型	图例	产生原因	防止措施
咬边		焊接速度过快	降低焊接速度
		焊接电流过大	适当减小电流
		电弧电压偏高	根据焊接电流调整电弧电压
		焊枪指向位置不对，没对中	注意焊枪正确操作
		摆动时，焊枪在两侧停留时间太长	注意焊枪摆动

任务终于完成了，最后让我们来总结一下吧！

工作小结

这是我做的最骄傲的事！

小提示

主要对工作过程中的知识、技能等进行总结。

这是我应该反思的！

加油，我会做的更好！

拓展提升

此种类型的板对接立焊焊缝应该怎么焊接呢？

图1-39　板对接立焊焊缝

让我们来了解一下任务吧！

换档杆支架是重卡汽车的重要部件，主要功用起支撑换档杆的作用。该部件主要由板、支架弯板、支撑板焊接而成，焊缝类型角焊缝，接头形式为T形接头。现由于某重型汽车生产企业生产任务紧迫，特委托我校焊接技术应用专业2天内协助完成，请根据图纸和工艺卡的要求完成驱动桥桥壳的焊接任务。

接受任务

这是上级部门给我们的任务单！

表1-22　生产派工单

<table>
<tr><td colspan="8">生产派工单
编　号：</td></tr>
<tr><td>产品名称</td><td colspan="2">换挡杆支架</td><td>产品图号</td><td colspan="2">SZ954001110</td><td>接单人</td><td>王钦</td></tr>
<tr><td>生产单位</td><td colspan="2">焊接加工车间</td><td>派工日期</td><td colspan="2">2014.4.22</td><td>操作者</td><td></td></tr>
<tr><td colspan="8">生产说明：1.焊接过程必须严格按照工艺过程卡顺序和要求进行装焊；
2.焊缝必须清理干净飞溅及氧化物。</td></tr>
<tr><td>要求完成日期</td><td>2014.4.27</td><td>数量</td><td>300件</td><td>单件/工时</td><td>8min</td><td>总工时</td><td>5天</td></tr>
<tr><td>备　注</td><td colspan="7">重卡大箱侧围图纸附后</td></tr>
<tr><td colspan="4">派　工：杨金平</td><td colspan="4">审　批：蔡立新</td></tr>
</table>

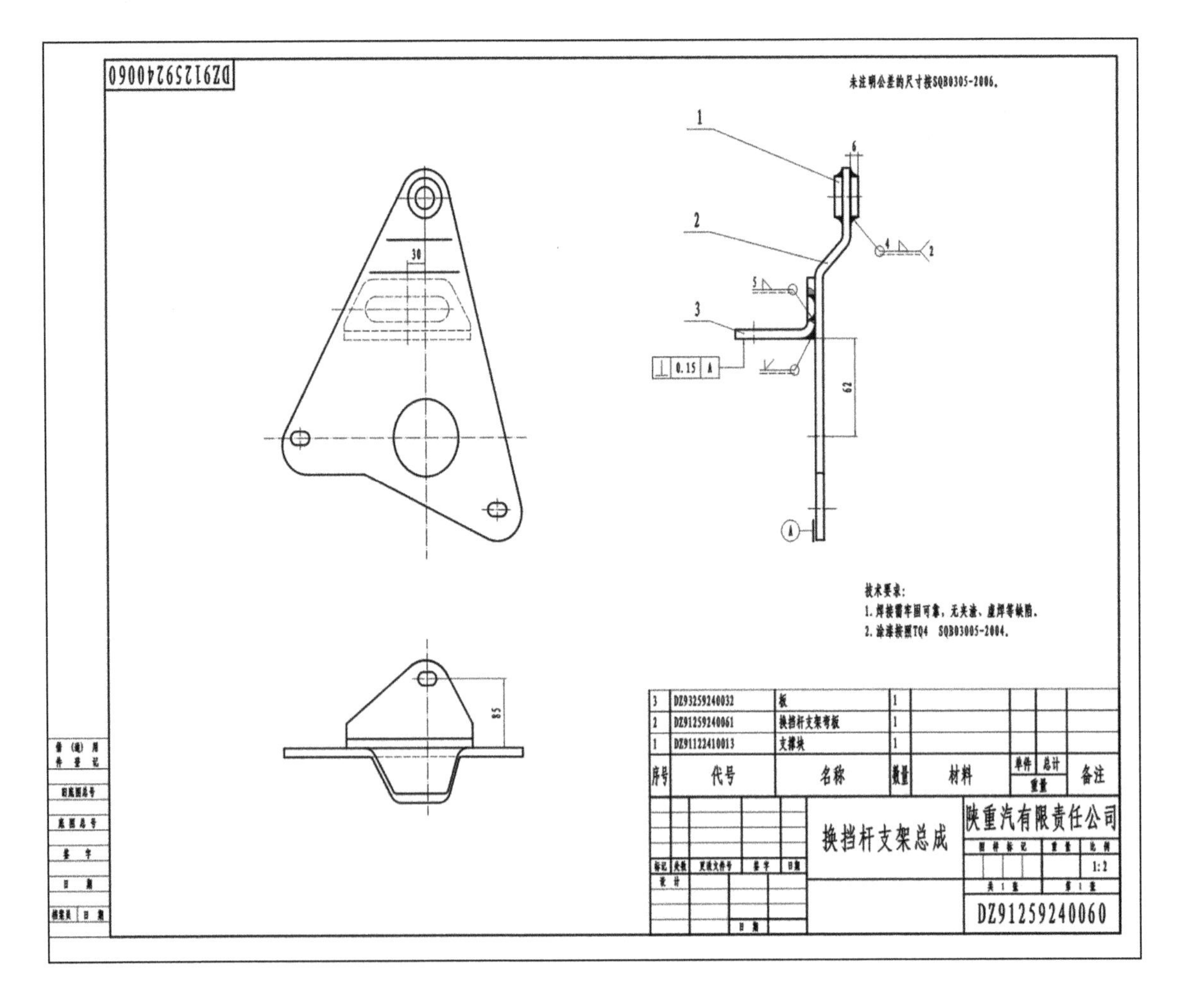

图1-40　换挡杆支架图纸

表1-23 换挡杆支架总成工艺卡

陕重汽有限责任公司	焊接工艺卡	编号：	产品型号	/	部件图号	/	共1页
结构简图（参考换挡杆支架总成图纸）			产品名称	/	部件名称	/	第1页
			主要组成件				
			序号	图号	名称	材料	件数

工序号	工序焊接操作内容	焊接设备	工艺装备	焊接方法	焊接材料		电弧电压	焊接电流	其他工艺参数	工时
					焊条/焊丝	焊剂				

										设计	校对	审核	批准
标记	处数	标记	签字	日期	标记	处数	文件号	签字	日期				

图纸分析

1. 零部件组成

____

____

____

2. 重要的尺寸

____

____

____

3. 焊缝位置、焊缝符号的含义

4. 技术要求

5. 焊接生产的主要工序（组装工艺顺序）

完成任务还需要哪些知识呢？

相关知识学习

焊机的维护

焊机的安装场所……

电焊机的放置场所应尽量选择湿度较低、粉尘较少的场所。

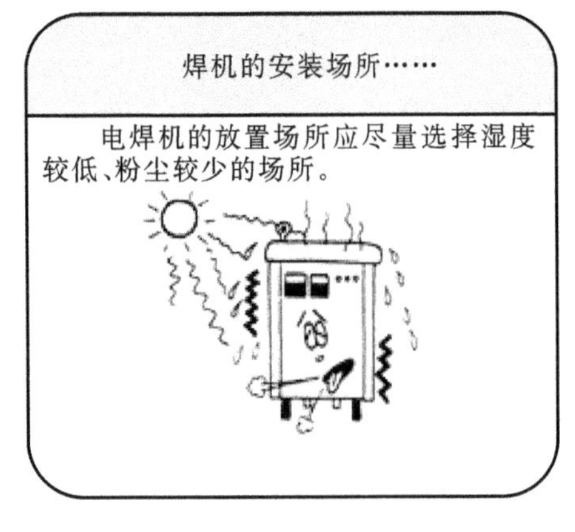

图1-41　焊机维护（1）

焊接物周围有易燃物吗？

在油、纸、布、木片等可燃物旁边焊接时，飞溅及火花可引起爆炸、火灾。请清除后再进行焊接。

图1-42　焊机维护（2）

电源内部粉满面春风多吗？

每6个月用压缩（不含水分）清除一次内部的粉尘（一定要切断电源后再清扫）。在去除粉尘时，应将上部及两侧板取下，然后按顺序由上向下吹，附着油脂类用布擦净。

图1-43　焊机维护（3）

焊机主机是否在覆有尼龙罩的状态下使用？

将恶化冷却效果，造成变压器烧坏。

图1-44　焊机维护（4）

各连接部位的紧固牢靠吗？

如连接不善造成接触不良，会引发误动作，导致异常、烧坏等故障。

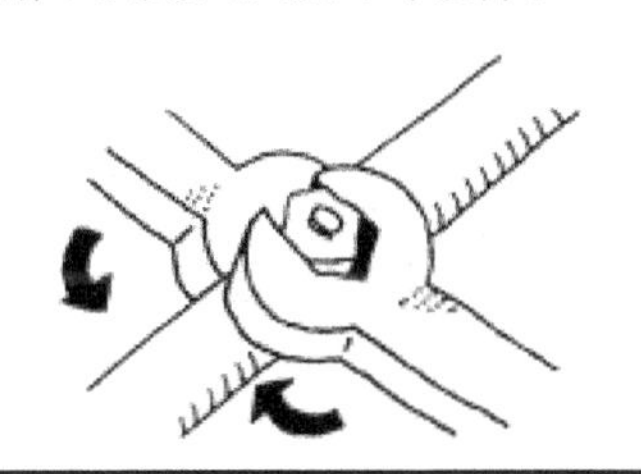

图1-45　焊机维护（5）

确实与工件接好吗？

接工件电缆常有人用钢板或钢筋代替，但这些材料电阻大，焊接电流不稳定，甚至有可能过热导致火灾。请用正规的厚橡胶软电缆切实连接。

图1-46　焊机维护（6）

电缆的连接部和端子用绝缘带绝缘了吗？

通电部分外露时，容易造成触电事故或因漏电造成火灾。

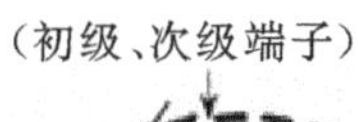

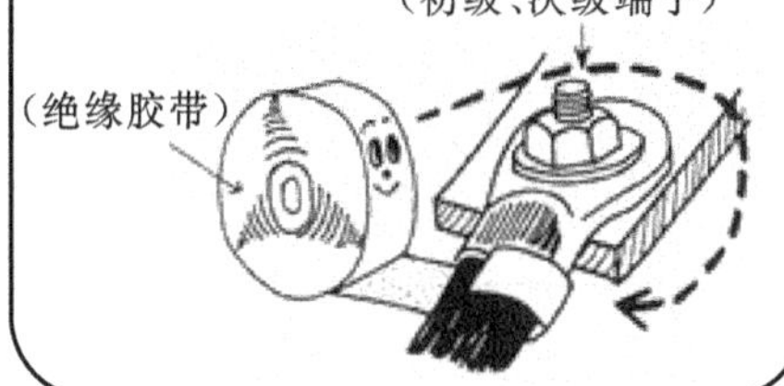

图1-47　焊机维护（7）

焊机的机壳地线接地了吗？

请勿忘机壳地线（接地）以 14 mm^3 电缆可靠接地。

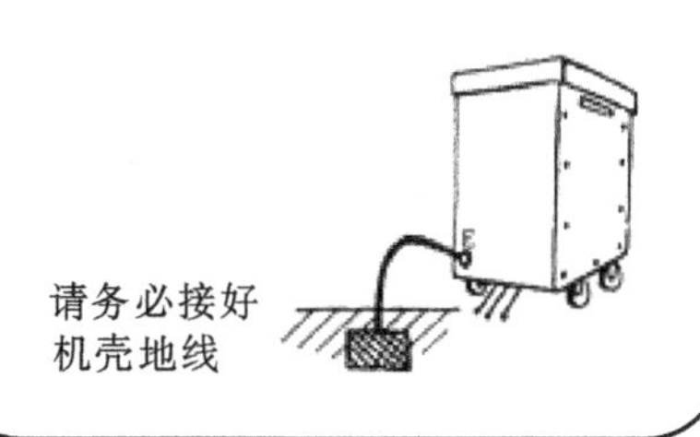

图1-48　焊机维护（8）

请勿用湿手接触焊机

这是使用电器的常识，特别是不能接触通电部。

为防止发生触电，请务必遵守。

图1-49 焊机维护（9）

每台焊机设置一个开关盒、使用的是规定的保险吗？

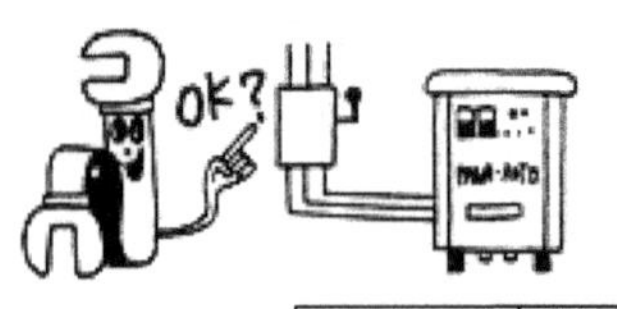

焊接电源	保险容量
200 A	15 A
350 A	30 A
500 A	60 A

图1-50 焊机维护（10）

二、送丝机构的维护

送丝机的操作是否粗暴？

摔落送丝机或粗暴使用，会导致送丝机及马达内部伤损。

图1-51 送丝机构维护（1）

是否靠牵接焊枪电缆移动送丝机？

牵接焊枪电缆移动送丝机时，易导致焊枪电缆的断线及机器的故障。

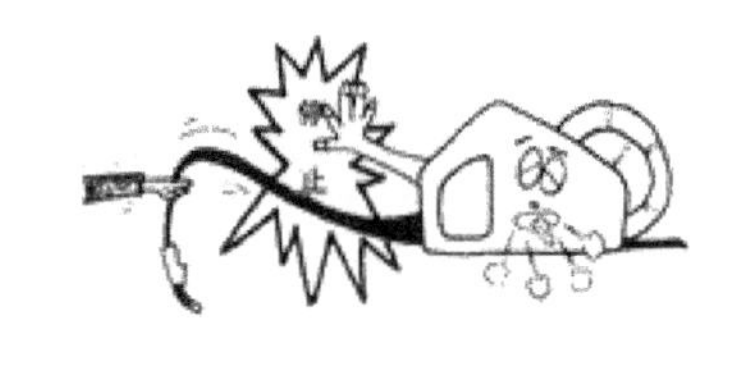

图1-52 送丝机构维护（2）

送丝机上是否附有飞溅物？

焊丝上附有飞溅物或受损伤时，焊丝供给性恶化，电弧不稳定。

图1-53 送丝机构维护（3）

进丝路径正常吗？

进丝管的孔与送丝轮的槽的中心不对应时，在进丝导嘴（管）的入口处焊丝受到损伤，送丝性不好。

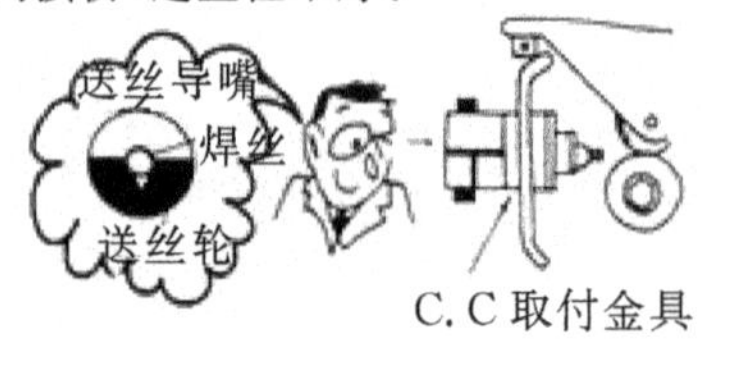

图1-54 送丝机构维护（4）

焊枪电缆弯曲严重吗？

尽量使焊枪电缆保持顺直状态下使用。焊枪电缆弯曲严重时，焊丝的供给性变差，电弧不稳定。

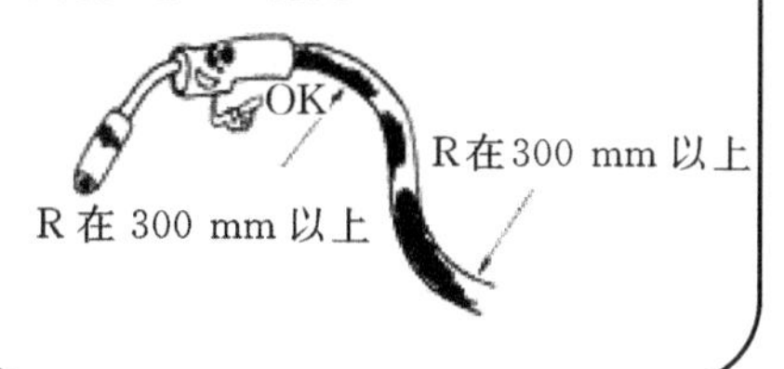

图1-55　送丝机构维护（5）

是不是在用敲打焊枪的方式去清除附着喷嘴内的飞溅物？

敲打焊枪（喷嘴）清除飞溅时，喷嘴变形或受伤，气保效果恶化，如使用防飞溅附着剂，飞溅物的去除会容易些。

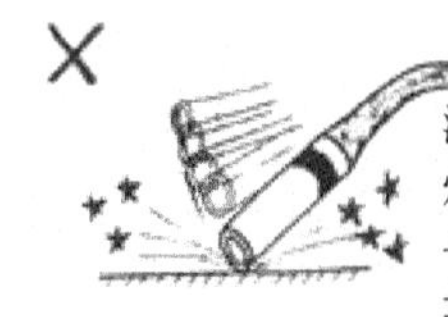

为了除去飞溅附着物而敲打焊枪是不行的，会导致喷嘴变形，损坏焊枪。

图1-56　送丝机构维护（6）

导电嘴的孔磨损得是否已变成椭圆形了？

导电嘴的孔磨损成随圆形时，导电性能差，电弧不稳。

图1-57　送丝机构维护（7）

焊枪喷嘴是否附着了很多飞溅物？

喷嘴内附着很多飞溅物时，气保效果降低，请更换清洁喷嘴。

图1-58　送丝机构维护（8）

导电嘴用扳手拧紧了吗？

导电嘴固定不好的，导电性能差，电源不稳，而且焊接过程中焊丝前端晃动。

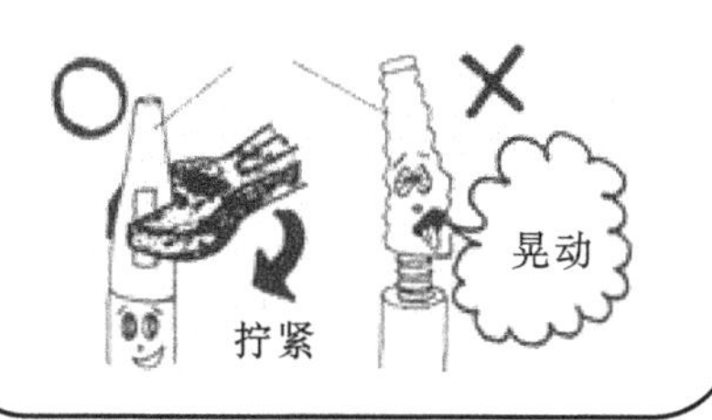

图1-59　送丝机构维护（9）

带着气筛吗？

忘记安装气筛或在破损状态下使用时，因飞溅而损坏焊枪或气保状态恶化，易出现气泡及气孔。

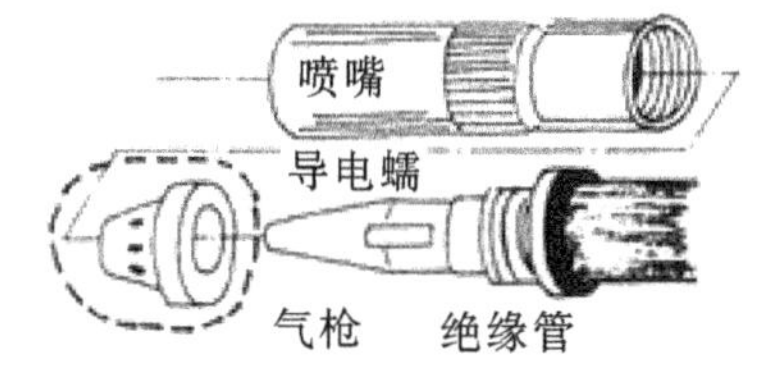

图1-60　送丝机构维护（10）

进丝管与送丝轮定期清洗吗？

有污物存在时送丝状况恶化，送丝轮的槽很深或变宽时，送丝状况也恶化。

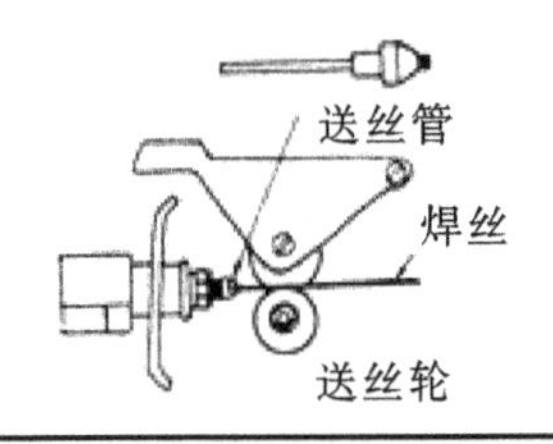

图1-61　送丝机构维护（11）

送丝软管定期清洁吗？

送丝软管中焊丝切粉及污物堆积时送丝恶化。请定期用有机溶剂、煤油洗洗。

（注）YT－CCS 用的焊枪北安丝软管不能用有机溶剂等清洗，请用压缩空气清除。

图1-62　送丝机构维护（12）

软管、电缆类有无老化？

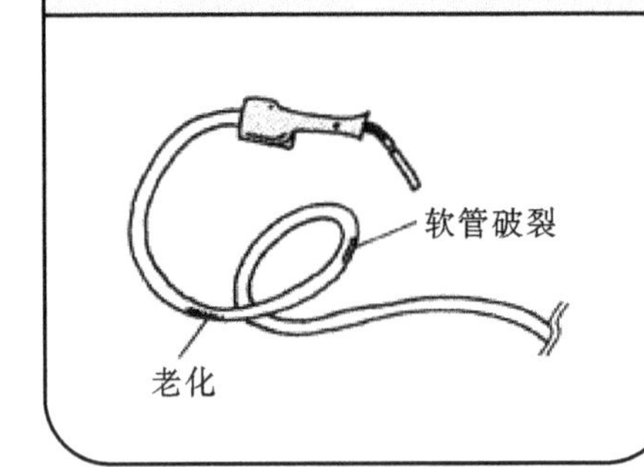

图1-63　送丝机构维护（13）

焊丝在认真保管吗？

注意保管焊丝不生锈，不附着污物，大量锈蚀物会造成焊接缺陷。

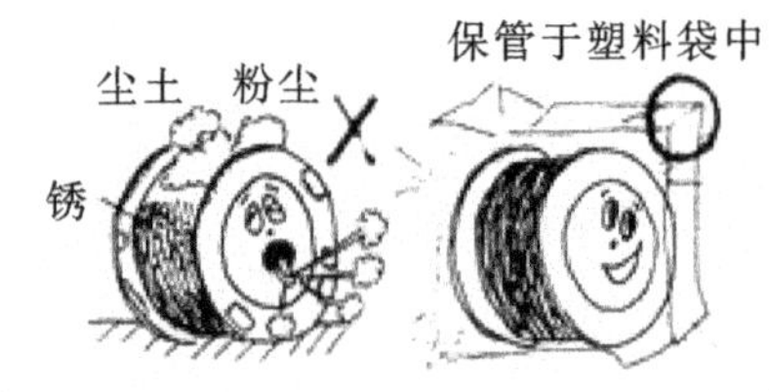

图1-64　送丝机构维护（14）

学了以上知识，接下来我要干什么呢？

想一想、练一练

（1）焊机的维护包含哪些方面______________________________。

（2）送丝机构的维护包含哪些方面______________________________。

制定工艺方案

下面有一张工艺卡，让我们一起来试试吧！

表1-24　焊接工艺卡

<table>
<tr><td colspan="2">企业</td><td colspan="2">焊接工艺卡</td><td colspan="2">编号</td><td colspan="2">产品型号</td><td colspan="2"></td><td>部件图号</td><td></td><td colspan="2">共　页</td></tr>
<tr><td colspan="6" rowspan="5">结构简图</td><td colspan="2">产品名称</td><td colspan="2"></td><td>部件名称</td><td></td><td colspan="2">第　页</td></tr>
<tr><td colspan="8">主要组成件</td></tr>
<tr><td colspan="2">序号</td><td colspan="2">图号</td><td>名称</td><td>材料</td><td colspan="2">件数</td></tr>
<tr><td colspan="2"></td><td colspan="2"></td><td></td><td></td><td colspan="2"></td></tr>
<tr><td colspan="2"></td><td colspan="2"></td><td></td><td></td><td colspan="2"></td></tr>
<tr><td rowspan="2">工序号</td><td colspan="2" rowspan="2">工序焊接操作内容</td><td rowspan="2">焊接设备</td><td rowspan="2">工艺装备</td><td rowspan="2">焊接方法</td><td colspan="3">焊接材料</td><td rowspan="2">电弧电压</td><td rowspan="2">焊接电流</td><td rowspan="2">其他工艺参数</td><td colspan="2" rowspan="2">工时</td></tr>
<tr><td colspan="2">焊条/焊丝</td><td>焊剂</td></tr>
<tr><td></td><td colspan="2"></td><td></td><td></td><td></td><td colspan="2"></td><td></td><td></td><td></td><td></td><td colspan="2"></td></tr>
<tr><td></td><td colspan="2"></td><td></td><td></td><td></td><td colspan="2"></td><td></td><td></td><td></td><td></td><td colspan="2"></td></tr>
<tr><td></td><td colspan="2"></td><td></td><td></td><td></td><td colspan="2"></td><td></td><td></td><td></td><td></td><td colspan="2"></td></tr>
<tr><td></td><td colspan="2"></td><td></td><td></td><td></td><td colspan="2"></td><td></td><td></td><td></td><td></td><td colspan="2"></td></tr>
<tr><td></td><td colspan="2"></td><td></td><td></td><td></td><td colspan="2"></td><td></td><td></td><td></td><td></td><td colspan="2"></td></tr>
<tr><td></td><td colspan="2"></td><td></td><td></td><td></td><td colspan="2"></td><td></td><td></td><td></td><td></td><td colspan="2"></td></tr>
<tr><td></td><td colspan="2"></td><td></td><td></td><td></td><td colspan="2"></td><td></td><td></td><td></td><td></td><td colspan="2"></td></tr>
<tr><td></td><td colspan="2"></td><td></td><td></td><td></td><td colspan="2"></td><td></td><td></td><td></td><td></td><td colspan="2"></td></tr>
<tr><td></td><td colspan="2"></td><td></td><td></td><td></td><td colspan="2"></td><td></td><td></td><td></td><td></td><td colspan="2"></td></tr>
<tr><td></td><td></td><td></td><td></td><td></td><td></td><td></td><td></td><td></td><td></td><td>设计</td><td>校对</td><td>审核</td><td>批准</td></tr>
<tr><td>标记</td><td>处数</td><td>标记</td><td>签字</td><td>日期</td><td>标记</td><td>处数</td><td>文件号</td><td>签字</td><td>日期</td><td></td><td></td><td colspan="2"></td></tr>
</table>

任务实施

步骤一 焊前准备

焊接作业前配备清单见表1-25。

表1-25 焊接作业前配备清单

内容	名称	规格	数量
试件材料			
焊接材料			
焊接设备			
工具			
量具			

步骤二 调节焊接工艺参数

参照换挡杆支架工艺卡完成下表。

表1-26 换挡杆支架焊接工艺参数设置

焊机参数	焊丝直径	焊接电流	焊接电压	电弧力	收弧电流	收弧电压	初期电流	初期电压	操作方式	点焊时间	气体流量	回烧时间
数值												

步骤三 焊前清理

清理焊件，如图1-65所示，待焊接处20 mm范围内的油污、锈蚀、水分及其他污物，直至露出金属光泽。

图1-65 焊件清理

步骤四 重卡大箱侧围的装配、定位焊

1.装配　在弯板上划线定位，将板置于换挡杆弯板上，借助直尺使板孔（14×20）中心与Φ60孔在一条直线上，用专用胎具装夹，如图1-66所示，保证30、62。

2.定位焊　点固4点，直径4，如图1-67所示。

图1-66　换挡杆支架的装夹

图1-67　换挡杆支架的定位焊

步骤五 换档杆支架焊接

1. 槽形焊缝的焊接，操作方法参考EGP油箱支架的焊接

图1-68　槽形焊缝

2. T形接头角焊缝的焊接

（1）定位焊采用与焊接试件相同型号的焊丝，定位焊的位置应在试件两端的对称处，将试件组焊成T形接头，四条定位焊缝长度均为10～15mm。定位完毕矫正焊件，保证立板与平板间的垂直，如图1-69所示。

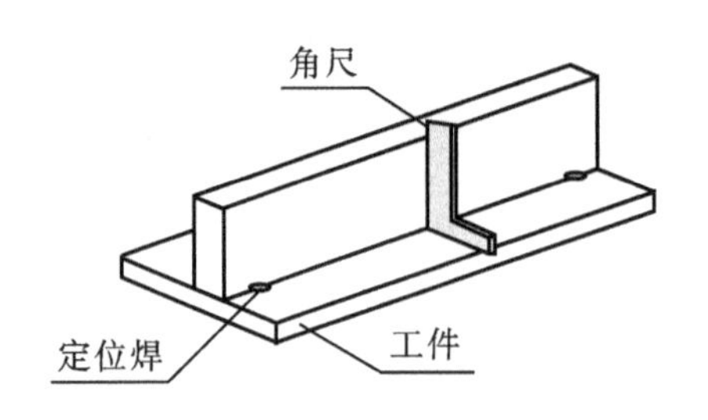

图1-69　T形接头定位焊

（2）采用左向焊法，操纵时，将焊枪置于右端开始焊接，焊枪指向距离根部1～2 mm处。采用较大的焊接电流，焊接速度可稍快，同时要适当地做横向摆动，焊枪角度如图1-70，1-71所示。完成后的换挡杆支架T形焊缝如图1-72所示。

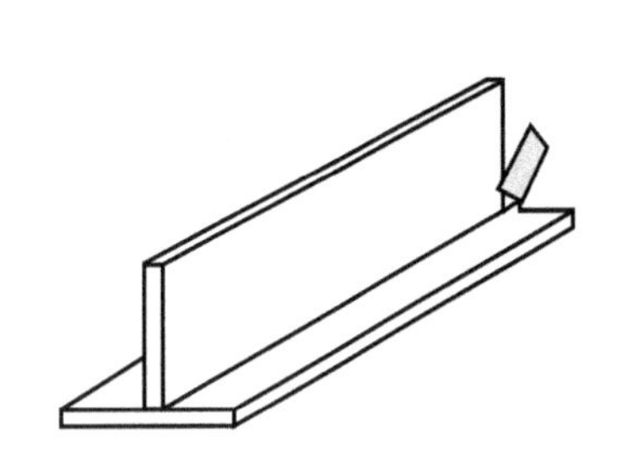

图1-70　T形接头的焊枪角度

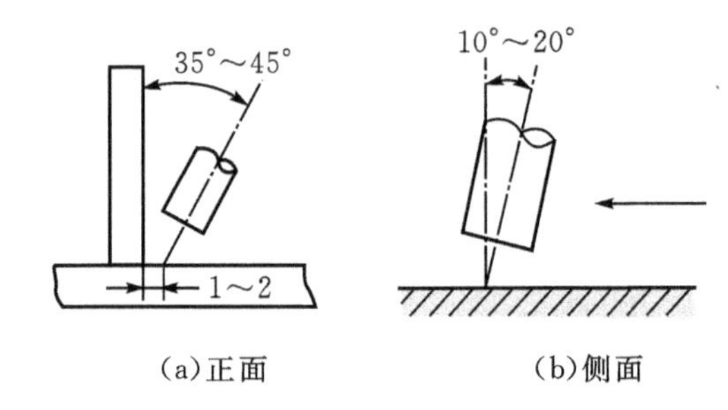

图1-71　T形接头焊枪角度示意图

图1-72　T形焊缝

CO_2气体保护焊平角焊的操作方法和要点是什么？

步骤六 焊后清理

焊后利用錾子将焊缝周围的飞溅錾掉，再用钢丝轮打磨出金属光泽。

步骤七 焊缝自检

焊后对焊缝表面质量进行检验，并用角尺和焊接检验尺对焊件装配定位及焊角进行测量。

表1-27 焊缝自检评分表

项目	序号	考核要求	配分	评分标准	得分
焊前准备	1	电、气管路各接线部位正确牢靠、无破损	10	未达要求扣10分	
	2	送丝轮与焊丝直径相符，送丝轮沟槽干净清洁	10	有一项未达要求扣10分	
	3	试件表面无油、锈水等污物，且露出金属光泽	10	未达要求扣10分	
	4	保证装配尺寸30±1、62±1、85±1、90°。	20	有一项未达要求扣5分	
焊缝质量	1	焊缝余高0～3 mm，余高差≤2 mm	20	每超差1 mm扣2分	
	2	咬边深度≤0.5 mm	20	每超差1 mm扣1分	
	3	清理干净焊缝周围的飞溅等	10	未清理干净焊缝周围的飞溅扣10分	
	4	穿戴好劳动保护用品，包括工作服、绝缘鞋、焊工手套、面罩	10	未清理干净焊缝周围的飞溅扣10分	
安全生产	1	穿戴好劳动保护用品，包括工作服、绝缘鞋、焊工手套、面罩		根据现场记录，违反规定扣5～10分	

温馨提示：

工作中，记得要按照6S的要求对现场进行管理，请对照下表检查下，你们做到了吗？

现场整理情况

表1-28 现场整理核对表

	整理	整顿	清扫	清洁	安全	素养
设备						
工具						
工作场地						

注：完成的项目打“√”，没有完成的打“×”。

任务终于完成了，现在就让我们检验并提交任务吧！

检查验收

表1-29 交付验收单

验收单			
验收部门	焊接车间	验收日期	
零件名称	EGP（油箱）支架总成		
验收情况			
序号	内容	验收结果	备注

续表

验收单			
1			
2			
3			
验收结论			
小组互检： 合格：　　不合格： 签名： 年　月　日		检验员检验：（教师） 合格：　　不合格： 签名： 年　月　日	

我的焊缝为什么会出现这样的缺陷呢？

表1-30　焊接缺陷—焊瘤

类型	图例	产生原因	防止措施
焊瘤		对焊接电流来说电弧电压太低	提高电弧电压
		焊接速度太慢	提高焊接速度
		指向位置不当（角焊缝）	改变指向位置

工作小结

这是我做的最骄傲的事！

小提示

主要对工作过程中的知识、技能等进行总结。

这是我应该反思的！

加油，我会做的更好！

此种类型的立角焊应该怎么操作呢？

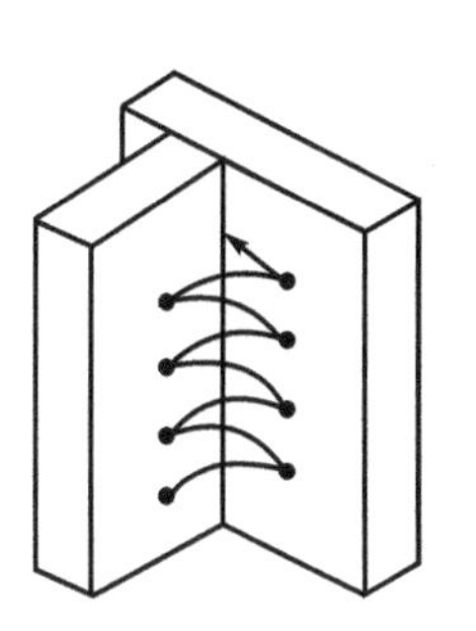

焊脚 5～9 mm

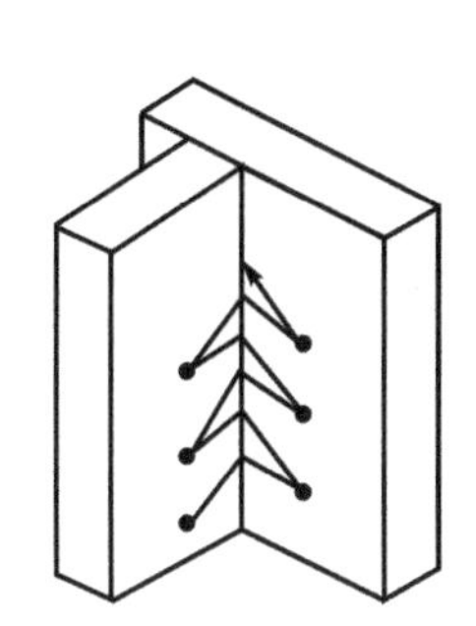

焊脚 7～10 mm

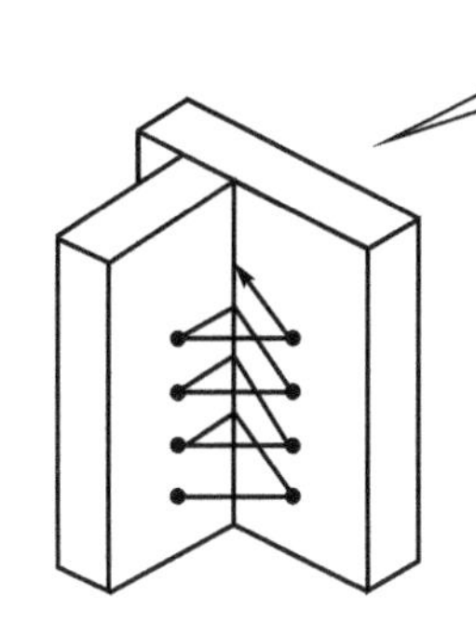

焊脚 8～12 mm

图1-73

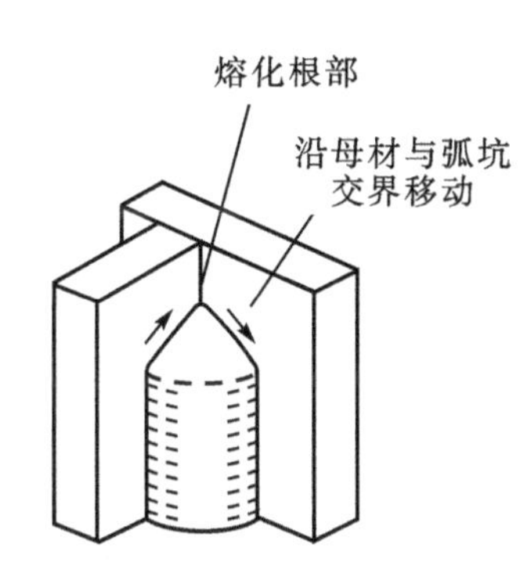

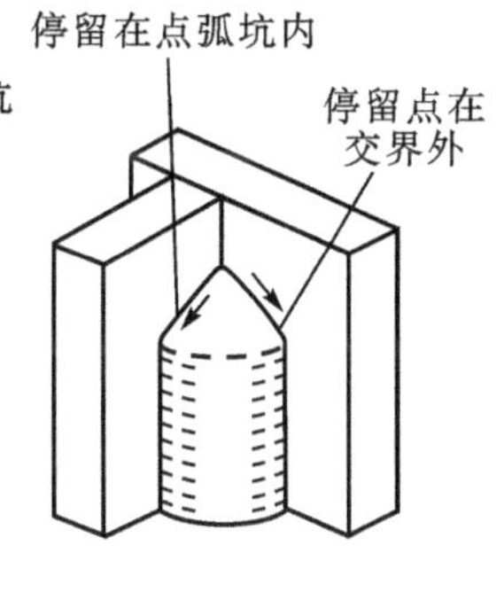

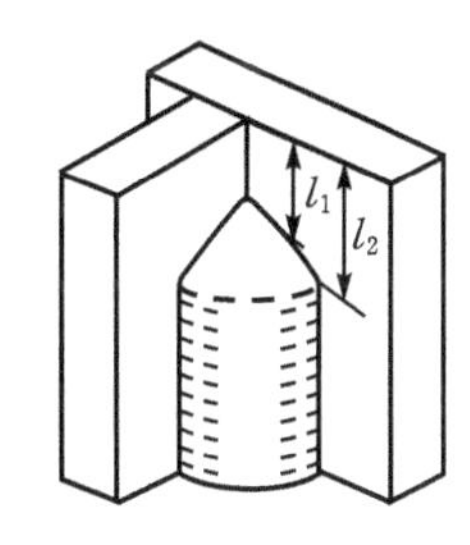

图1-74

让我们来了解一下任务吧！

驱动桥桥壳是重卡汽车的重要部件，主要功用是支撑汽车质量，承受由车轮传来的路面的反力和反力矩，并经悬架传给车架；同时，它又是主减速器、差速器、半轴的装配基体。该部件主要由两个半壳合焊而成，焊缝类型主要有对接焊缝。现由于某重型汽车生产企业生产任务紧迫，特委托我校焊接技术应用专业2天内协助完成，请根据图纸和工艺卡的要求完成驱动桥桥壳的焊接任务。

接受任务

这是上级部门给我们的任务单！

表1-31　生产派工单

生产派工单							
						编　号：	
产品名称	EGP（油箱）支架总成		产品图号	SZ954001110		接单人	王钦
生产单位	焊接加工车间		派工日期	2014.4.22		操作者	
生产说明：要求各零件之间焊接牢固可靠，不得有裂纹、未焊透、气孔夹渣等缺陷。 清除焊渣、飞溅等。							
要求完成日期	2014.4.27	数量	300件	单件/工时	8min	总工时	5天
备　注	驱动桥桥壳图纸附后						
派　工：杨金平				审　批：蔡立新			

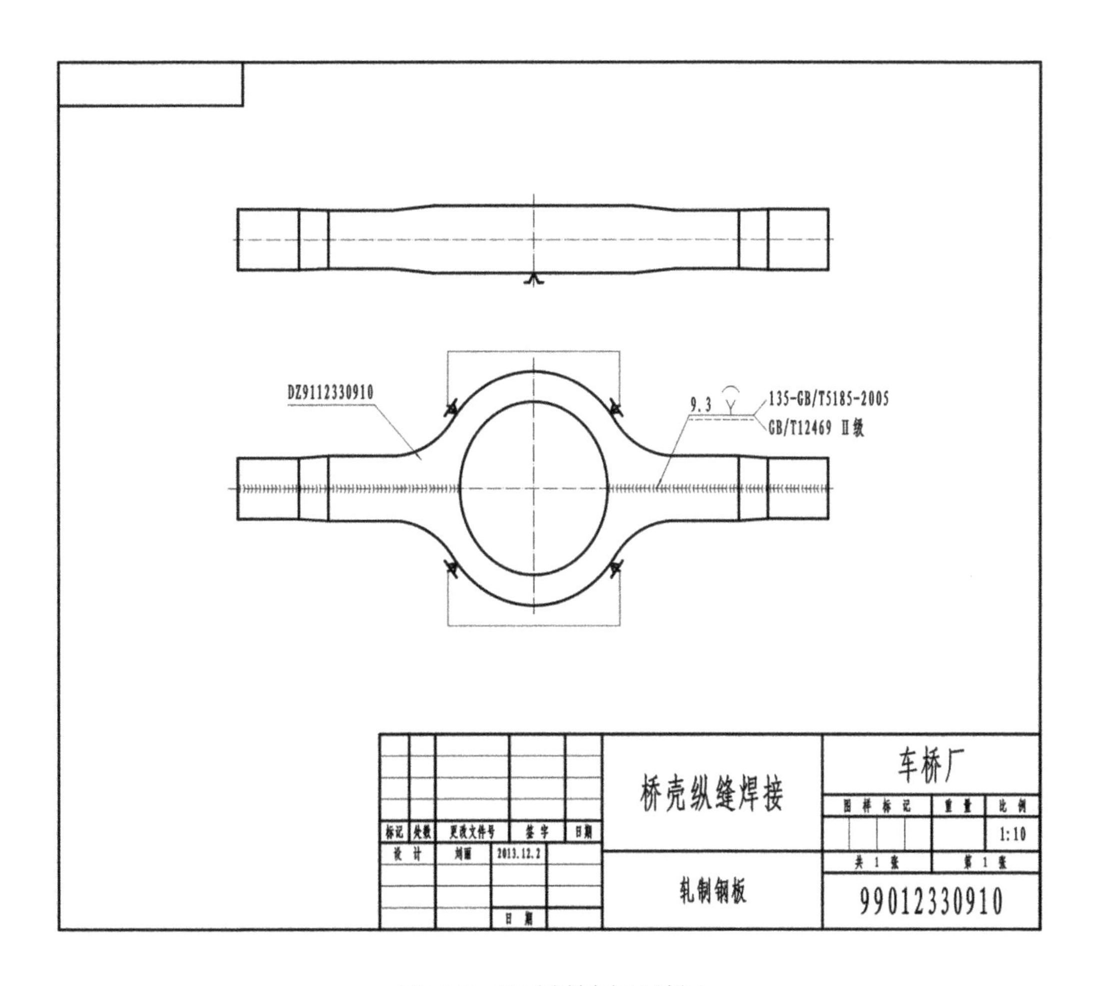

图1-75　驱动桥桥壳纵缝图

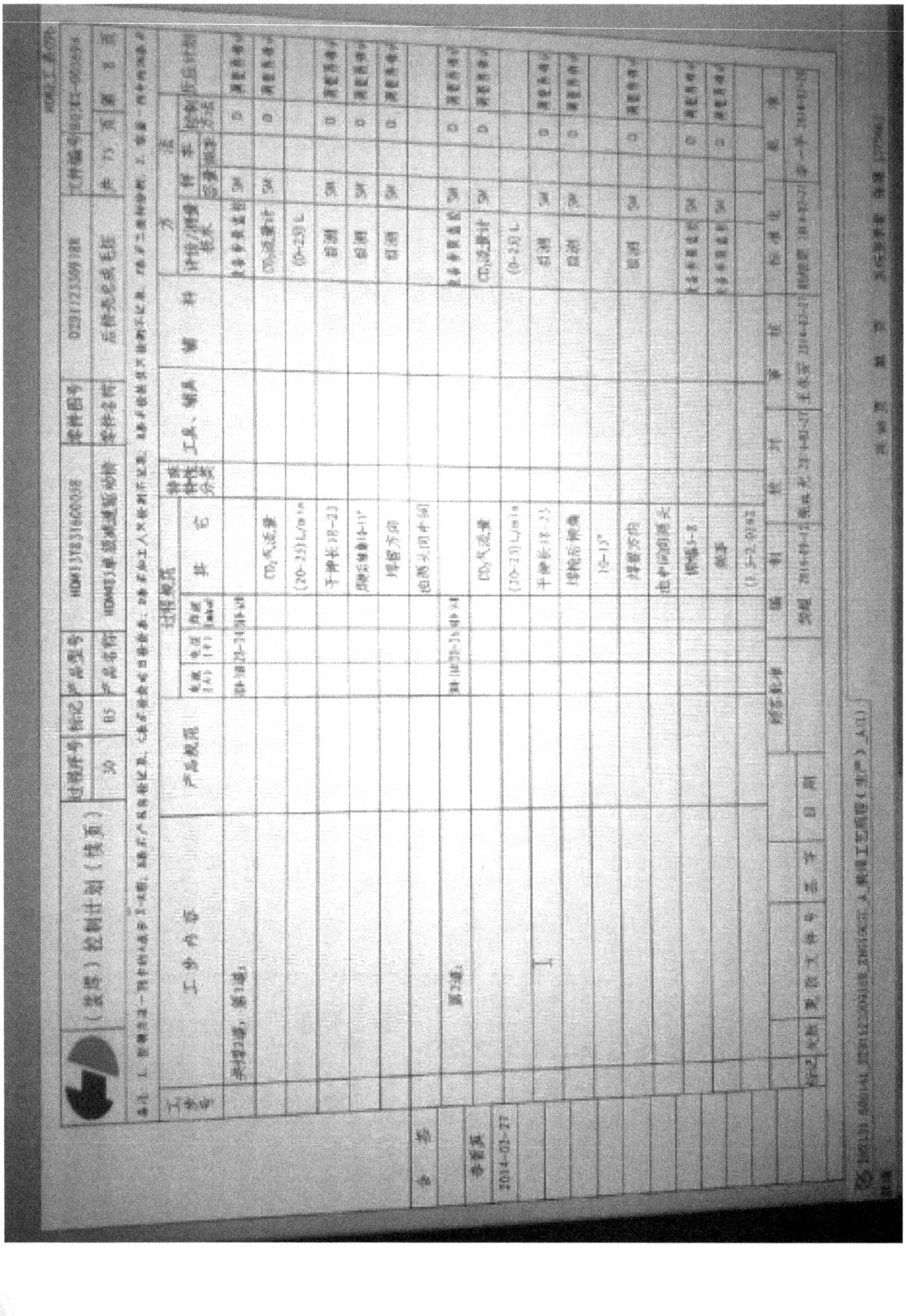

（装焊）控制计划（续页）

过程序号	标记	产品型号	HDM13T831600038	零件图号	0291123509188	文件编号	[illegible]
30	B5	产品名称	HDM483单级减速驱动桥	零件名称	后桥壳总成毛坯	共 73 页	第 8 页

工步号	工步内容	产品规范	电流(A)	电压(V)	焊速	其它	特殊特性分类	工具、辅具	辅料	评价/测量技术	样本容量	样本频率	控制方法	反应计划
	内焊1道，第1道：		[illegible]	[illegible]	[illegible]					设备参数监控	5件		D	调整再确认
						CO_2气流量				CO_2流量计	5件		D	调整再确认
						(20~25)L/min				(0~25)L				
						干伸长18~23				目测	5件		D	调整再确认
						焊枪后倾角10~15°				目测	5件		D	调整再确认
						焊接方向				目测	5件		D	调整再确认
						由两头向中间								
	第2道：		[illegible]	[illegible]	[illegible]					设备参数监控	5件		D	调整再确认
						CO_2气流量				CO_2流量计	5件		D	调整再确认
						(20~25)L/min				(0~25)L				
						干伸长18~23				目测	5件		D	调整再确认
						焊枪后倾角				目测	5件		D	调整再确认
						10~15°								
						焊接方向				目测	5件		D	调整再确认
						由中间向两头								
						摆幅5~8				设备参数监控	5件		D	调整再确认
						频率				设备参数监控	5件		D	调整再确认
						(1.5~2.0)Hz								

顾客批准	编制	校对	审核	标准化	批准
	贺超 2014-03-12	[illegible] 2014-03-27	王永安 2014-03-27	[illegible] 2014-03-27	李一平 2014-03-28

会签：李哲真 2014-03-27

图1-76　驱动桥桥壳纵缝工艺卡

分析任务

1. 零部件组成

2. 焊缝位置、焊缝符号的含义

3. 焊接生产的主要工序（组装工艺顺序）

相关知识学习

一、工艺参数对焊缝质量的影响

CO_2气体保护焊工艺参数对焊缝成形和质量有着重大的影响，具体如下表所示。

表1-32　工艺参数对焊缝的影响

参数	影响	图示
焊接电流和电压	当电流大时焊缝熔深大，余高大；当电压高时熔宽大，熔深浅。反之则得到相反的焊缝成形。同时送丝速度大则焊接电流大，熔敷速度大，生产效率高。	(a) 电流不足　电流适当　电流过大 (b)

续表

参数	影响	图示
气体流量	气体流量大时保护较充分，但流量太大时对电弧的冷却和压缩很剧烈，电弧力太大会扰乱熔池，影响焊缝成形差。	
喷嘴与工件的距离	喷嘴与工件距离太大时，保护气流达到工件表面处的挺度差，空气易侵入，保护效果不好，焊缝易出气孔。距离太小则保护罩易被飞溅堵塞，使保护气流不顺畅，需经常清理喷嘴。	长 标准 短 30 20 10 电流 240A 280A 330A
电源极性	采用反接时（焊丝接正极，母材接负极），电弧的电磁收缩力较强，熔滴过渡的轴向性强，且熔滴较细，因而电弧稳定。反之则电弧不稳。	(a) (b) 焊接的极性接法 (a)正接法；(b)反接法
焊接速度	焊接速度慢，熔池金属堆积，反而减少熔深，且热影响区宽。焊接速度快，则熔池冷却速度太快，易出现焊缝成形不良、气孔等缺陷。	(a)太慢 (b)太快 (c)适中

学了以上知识，接下来我要干什么呢？

制定工艺方案

下面有一张工艺卡，让我们一起来试试吧！

表1-33　焊接工艺卡

<table>
<tr><td colspan="2">企业</td><td colspan="2">焊接工艺卡</td><td colspan="2">编号</td><td colspan="2">产品型号</td><td colspan="2"></td><td>部件图号</td><td></td><td colspan="2">共　页</td></tr>
<tr><td colspan="6" rowspan="5">结构简图</td><td colspan="2">产品名称</td><td colspan="2"></td><td>部件名称</td><td></td><td colspan="2">第　页</td></tr>
<tr><td colspan="8">主要组成件</td></tr>
<tr><td colspan="2">序号</td><td colspan="2">图号</td><td>名称</td><td>材料</td><td colspan="2">件数</td></tr>
<tr><td colspan="2"></td><td colspan="2"></td><td></td><td></td><td colspan="2"></td></tr>
<tr><td colspan="2"></td><td colspan="2"></td><td></td><td></td><td colspan="2"></td></tr>
<tr><td rowspan="2">工序号</td><td colspan="2" rowspan="2">工序焊接操作内容</td><td rowspan="2">焊接设备</td><td rowspan="2">工艺装备</td><td rowspan="2">焊接方法</td><td colspan="3">焊接材料</td><td rowspan="2">电弧电压</td><td rowspan="2">焊接电流</td><td rowspan="2">其他工艺参数</td><td colspan="2" rowspan="2">工时</td></tr>
<tr><td colspan="2">焊条/焊丝</td><td>焊剂</td></tr>
<tr><td></td><td colspan="2"></td><td></td><td></td><td></td><td colspan="2"></td><td></td><td></td><td></td><td></td><td colspan="2"></td></tr>
<tr><td></td><td colspan="2"></td><td></td><td></td><td></td><td colspan="2"></td><td></td><td></td><td></td><td></td><td colspan="2"></td></tr>
<tr><td></td><td colspan="2"></td><td></td><td></td><td></td><td colspan="2"></td><td></td><td></td><td></td><td></td><td colspan="2"></td></tr>
<tr><td></td><td colspan="2"></td><td></td><td></td><td></td><td colspan="2"></td><td></td><td></td><td></td><td></td><td colspan="2"></td></tr>
<tr><td></td><td colspan="2"></td><td></td><td></td><td></td><td colspan="2"></td><td></td><td></td><td></td><td></td><td colspan="2"></td></tr>
<tr><td></td><td colspan="2"></td><td></td><td></td><td></td><td colspan="2"></td><td></td><td></td><td></td><td></td><td colspan="2"></td></tr>
<tr><td></td><td colspan="2"></td><td></td><td></td><td></td><td colspan="2"></td><td></td><td></td><td></td><td></td><td colspan="2"></td></tr>
<tr><td></td><td colspan="2"></td><td></td><td></td><td></td><td colspan="2"></td><td></td><td></td><td></td><td></td><td colspan="2"></td></tr>
<tr><td></td><td colspan="2"></td><td></td><td></td><td></td><td colspan="2"></td><td></td><td></td><td></td><td></td><td colspan="2"></td></tr>
<tr><td></td><td></td><td></td><td></td><td></td><td></td><td></td><td></td><td></td><td></td><td>设计</td><td>校对</td><td>审核</td><td>批准</td></tr>
<tr><td>标记</td><td>处数</td><td>标记</td><td>签字</td><td>日期</td><td>标记</td><td>处数</td><td>文件号</td><td>签字</td><td>日期</td><td></td><td></td><td colspan="2"></td></tr>
</table>

任务实施

步骤一 焊前准备

表1-34 焊接作业前配备清单

内容	名称	规格	数量
试件材料			
焊接材料			
焊接设备			
工具			
量具			

步骤二 调节焊接工艺参数

参照驱动桥桥壳工艺卡完成下表

表1-35 驱动桥桥壳焊接工艺参数设置

焊机参数	焊丝直径	焊接电流	焊接电压	电弧力	收弧电流	收弧电压	初期电流	初期电压	操作方式	点焊时间	气体流量	回烧时间
数值												

步骤三 焊前清理

焊接前先用角向磨光机或其他方法清除焊件坡口两侧_________mm范围内的________、________、__________、__________，直至露出金属光泽。

图1-77 焊前清理过程图

步骤四 驱动桥桥壳的装配、定位焊

1. 装配、定位焊

定位焊应在焊件两端各__________mm的坡口内，定位焊缝长度小于__________mm，定位焊要牢固。装配间隙始焊端为____________mm，终焊端为______________mm。钝边为_________mm，坡口角度为_________mm。装配尺寸见图1-78；

2. 预留反变形

CO_2气体保护焊板对接平焊的反变形角度，如图1-79所示。

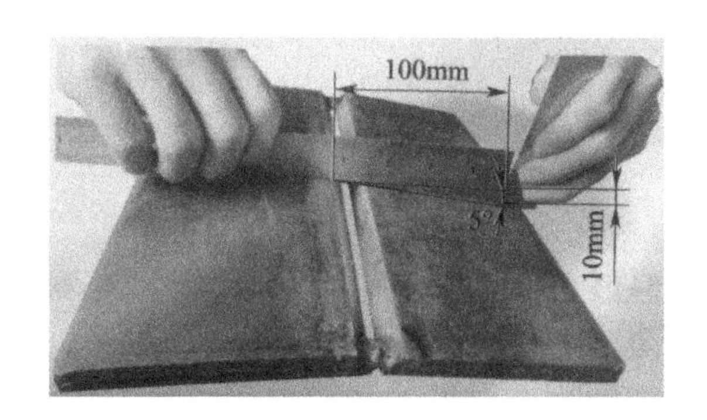

图1-78 装配尺寸

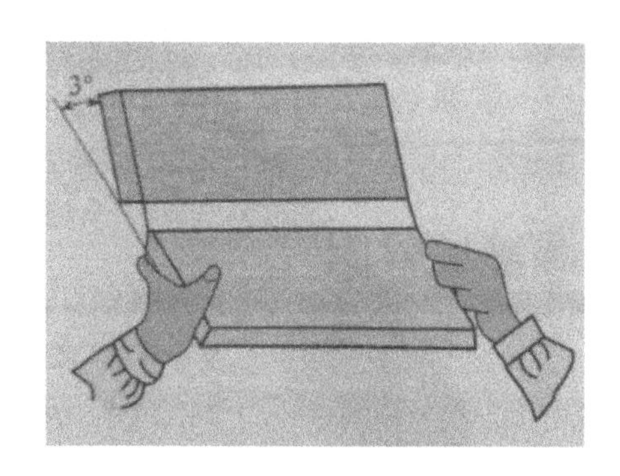

图1-79 装配角度

步骤五 换档杆支架焊接

整个焊接过程采用左向焊法，焊接层次分为三层三道，焊道分布如图1-80所示。焊接过程如图1-81所示。

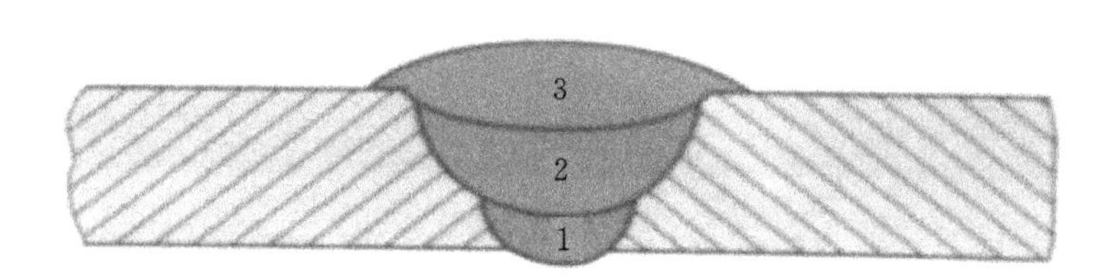

图1-80 焊接层次

图1-81　焊接过程图

1. 打底焊

调整好打底焊工艺参数后，在试板下端定位焊缝上引弧，使电弧沿焊缝中心作锯齿形横向摆动，当电弧超过定位焊缝并形成熔孔时，转入正常的连弧焊接。焊接时要注意焊缝两侧的停留和控制熔孔的大小，焊枪与下方夹角以为________________宜，熔孔尺寸为______________mm。

图1-82　打底焊焊枪角度

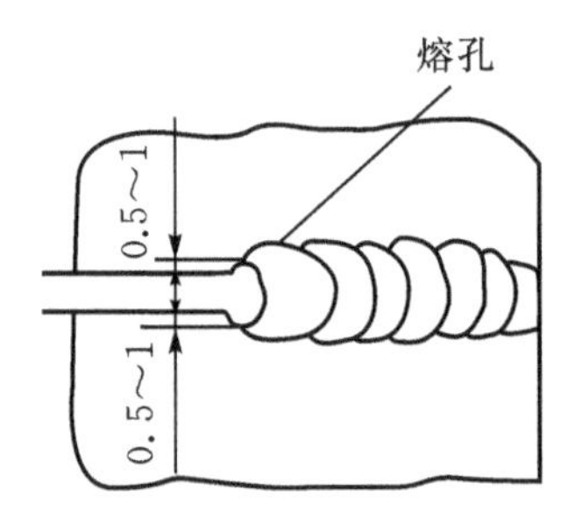

图1-83　平焊时熔孔的控制尺寸

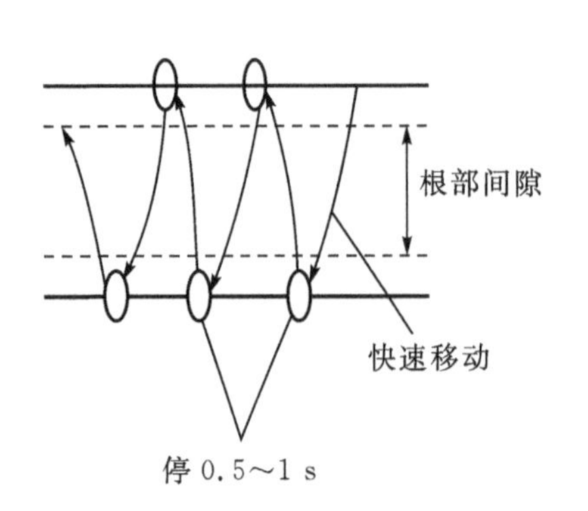

图1-84　月牙形运条方式

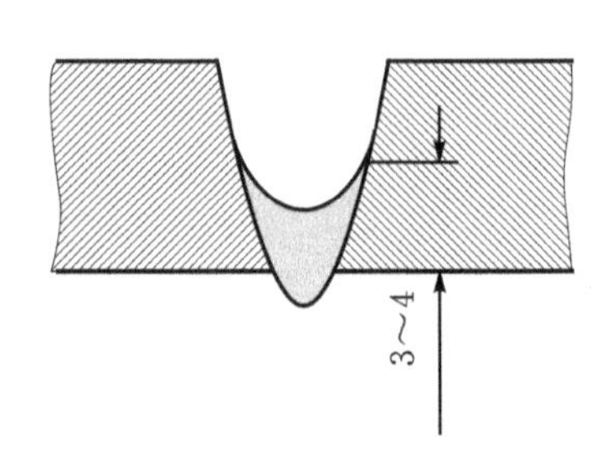

图1-85　打底焊道

2. 填充焊

电流比打底焊时稍大一些，采用间距较大的上凸的月牙形或锯齿形运条方法，焊枪横向摆幅比打底时稍大，电弧到坡口两侧处稍作停顿，保证焊道两侧熔合良好，填充层焊完后应比坡口边缘低1.5～2 mm左右。

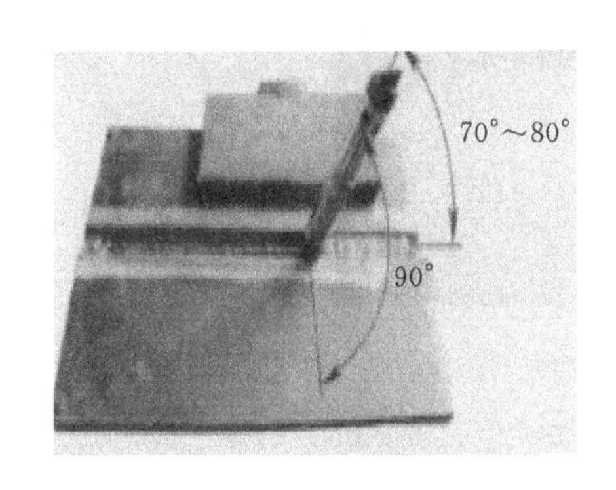

图1-86　填充焊焊枪角度

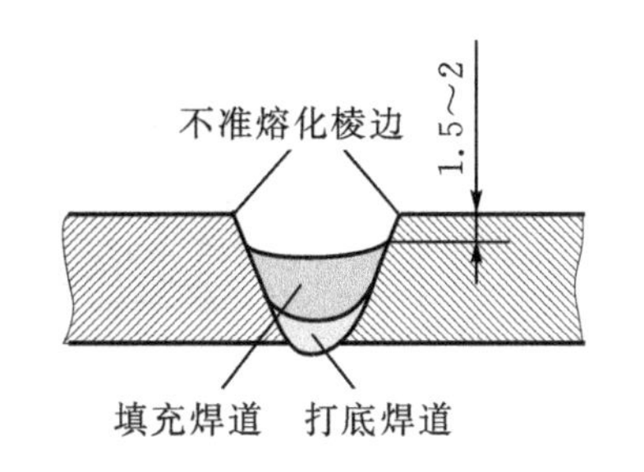

图1-87　填充焊道

3. 盖面焊

电流适当小些，焊枪与下方夹角以85°为宜，在试件下端引弧自下向上焊接，运条方法和填充层一致，只是摆幅大些，在坡口两侧停留，注意熔池成椭圆形、清晰明亮，大小和形状始终保持一致。

图1-88　盖面焊焊枪角度

图1-89　盖面焊焊道

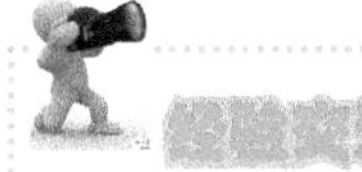

气体保护焊板对接平焊的操作方法和要点是什么？

步骤六 焊后清理

焊后利用錾子将焊缝周围的飞溅錾掉，再用钢丝轮打磨出金属光泽。

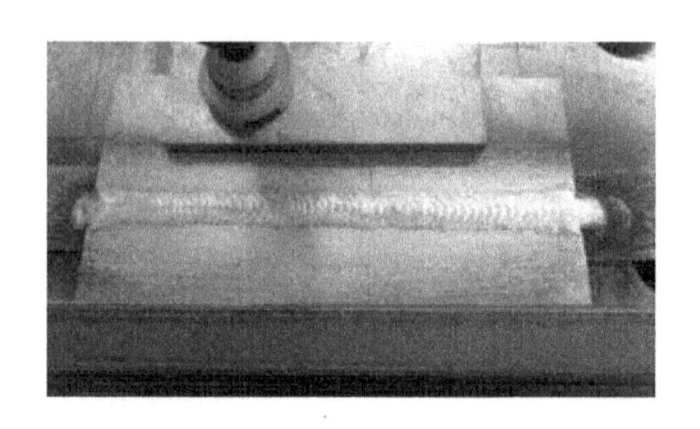

图1-90　焊后清理

步骤七 焊缝自检

参照焊接工艺过程卡对焊缝质量进行检查。具体要求如下表所示：

表1-36　焊缝自检评分表

项目	序号	考核要求	配分	评分标准	得分
焊前准备	1	电、气管路各接线部位正确牢靠、无破损	10	未达要求扣10分	
	2	送丝轮与焊丝直径相符，送丝轮沟槽干净清洁	10	有一项未达要求扣10分	
	3	试件表面无油、锈水等污物，且露出金属光泽	10	未达要求扣10分	
	4	正面焊缝余高（h）0≤h≤3 mm	20	每超差1 mm扣2分	
焊缝质量	1	错变量≤0.5mm	20	每超差1 mm扣1分	
	2	清理干净焊缝周围的飞溅等;	20	未清理干净焊缝周围的飞溅扣20分	
	3	穿戴好劳动保护用品，包括工作服、绝缘鞋、焊工手套、面罩。	10	根据现场记录，违反规定扣5～10分	
安全生产	1	穿戴好劳动保护用品，包括工作服、绝缘鞋、焊工手套、面罩		根据现场记录，违反规定扣5～10分	

温馨提示：

工作中，记得要按照6S的要求对现场进行管理，请对照下表检查下，你们做到了吗？

现场整理情况

表1-37　现场整理核对表

	整理	整顿	清扫	清洁	安全	素养
设备						
工具						
工作场地						

注：完成的项目打“√”，没有完成的打“×”。

任务终于完成了，现在就让我们检验并提交任务吧！

检查验收

表1-38　交付验收单

<table>
<tr><td colspan="4">验收单</td></tr>
<tr><td>验收部门</td><td>焊接车间</td><td>验收日期</td><td></td></tr>
<tr><td>零件名称</td><td colspan="3">驱动桥桥壳</td></tr>
<tr><td colspan="4">验收情况</td></tr>
<tr><td>序号</td><td>内容</td><td>验收结果</td><td>备注</td></tr>
<tr><td>1</td><td></td><td></td><td></td></tr>
<tr><td>2</td><td></td><td></td><td></td></tr>
<tr><td>3</td><td></td><td></td><td></td></tr>
<tr><td colspan="4">验收结论</td></tr>
<tr><td colspan="2">小组互检：
合格：　　　　不合格：
签名：
　　　　年　　月　　日</td><td colspan="2">检验员检验：（教师）
合格：　　　　不合格：
签名：
　　　　年　　月　　日</td></tr>
</table>

我的焊缝为什么会出现这样的缺陷呢？

表1-39　焊接缺陷——裂纹

类型	图例	产生原因	防止措施
裂纹		电流大电压低	提高电压
		母材含碳量及其他合金元素含量高	进行预热
		使用的气体纯度差（水分多）	用焊接专用气体
		在焊坑处电流被迅速切断	进行补弧坑操作

工作小结

这是我做的最骄傲的事！

主要对工作过程中的知识、技能等进行总结。

这是我应该反思的！

加油，我会做的更好！

此种类型的立焊缝应该怎么焊接呢？

图1-91　开坡口的板对接立焊焊缝

管板焊接

学习项目1　上车踏板的焊接

学习项目2　燃油箱总成的焊接

任务描述

管板类接头在生产实际应用中多以管与法兰的连接形式出现，是锅炉、压力容器制造业主要的焊缝形式之一，主要起到支撑和承载作用，其主要由若干个钢材组对焊接而成，那么常见的管板类焊接接头形式有哪些呢？

图2-1　管板T型焊

图2-2　重卡油箱

图2-3　摩托车油箱

图2-4　护栏

知识链接

管板焊接实际上是T形接头的环形焊缝焊接。焊接时，要求焊缝背面熔透成形，因此必须在焊板上开出一定尺寸的坡口。管板的焊接可分为垂直固定俯位焊、水平固定全位置焊、垂直固定仰位焊。

学习项目1 上车踏板的焊接

让我们来了解一下任务吧！

上车踏板（如图2-5所示）是方便驾驶人上下重卡汽车的部件，该部件主要由钢管和钢板搭接而成，焊缝类型属于角焊缝，采用二氧化碳气体保护焊，现在某制造企业委托学院焊接专业协助加工300件上车踏板，要求3天内完工，主要有下料、清渣、组对、定位焊、焊接、清理、交检等环节。请根据图纸要求完成上车踏板的焊接任务。

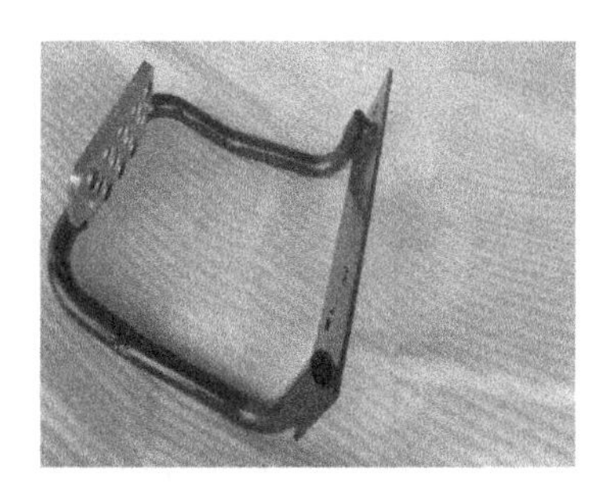

图2-5　上车踏板

接受任务

表2-1　生产派工单

<table>
<tr><td colspan="8">生产派工单
编　号：</td></tr>
<tr><td>产品名称</td><td>上车踏板的焊接</td><td>产品图号</td><td colspan="2">DZ9100930130</td><td>接单人</td><td>殷双喜</td></tr>
<tr><td>生产单位</td><td>焊接加工车间</td><td>派工日期</td><td colspan="2">2014.4.12</td><td>操作者</td><td></td></tr>
<tr><td colspan="8">生产说明：要求各零件之间焊接牢固可靠，不得有裂纹、未焊透、气孔夹渣等缺陷。
清除焊渣、飞溅等。</td></tr>
<tr><td>要求完成日期</td><td>2014.4.15</td><td>数量</td><td>300件</td><td>单件/工时</td><td>10min</td><td>总工时</td><td>3天</td></tr>
<tr><td>备　注</td><td colspan="7">上车踏板图纸附后</td></tr>
<tr><td colspan="8">派　工：杨金平　　　　　审　批：蔡立新</td></tr>
</table>

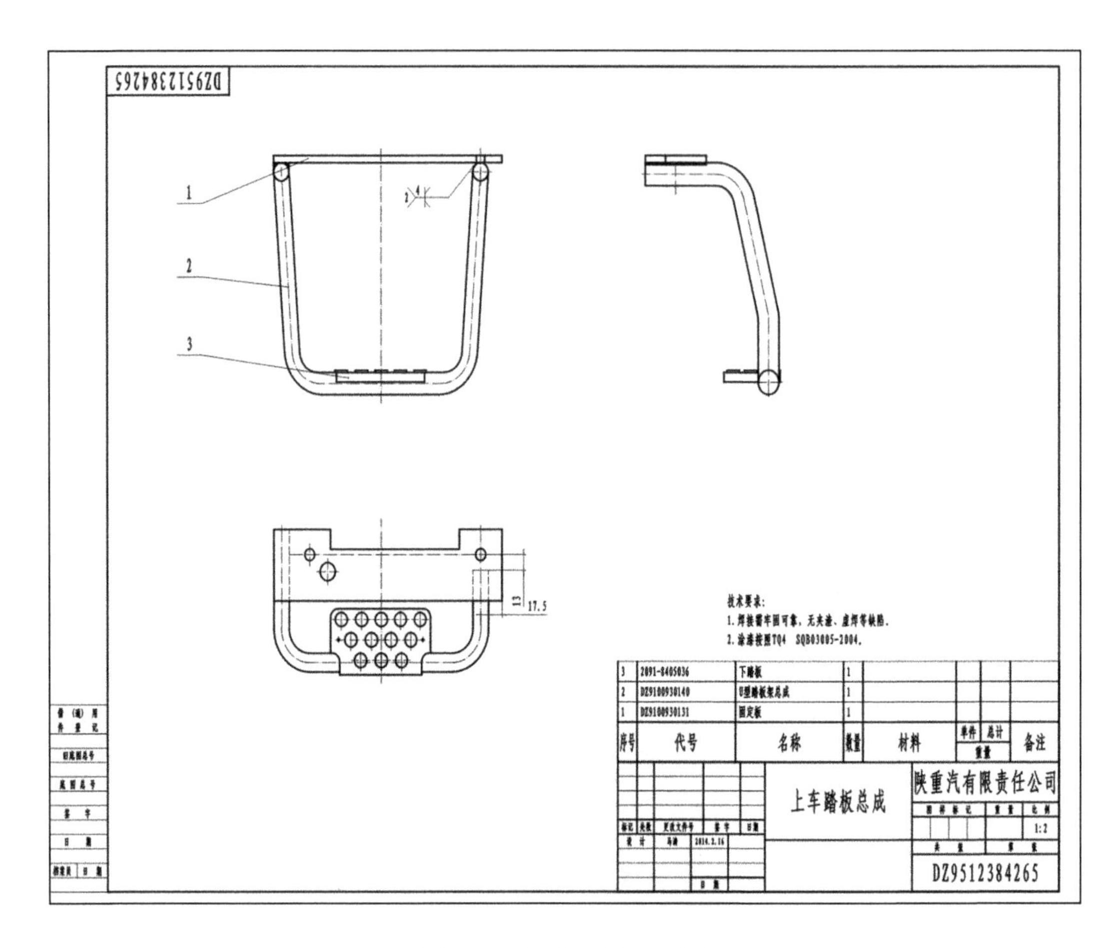

图2-6 上车踏板图纸

图纸分析

1. 焊缝位置、焊缝符号的含义。

2. 焊接生产的主要工序。

完成任务还需要哪些知识呢？

相关知识学习

在CO_2焊中，为了获得稳定的焊接过程，熔滴过渡通常有两种形式，即短路过渡和滴状过渡。

一、短路过渡

CO_2焊在采用细焊丝、低电压和小电流焊接时，可获得短路过渡。短路过渡时，电弧长度较短，焊丝端部熔化的熔滴尚未成为大滴时便与熔池表面接触而短路，因此，熔滴细小且过渡频率高，焊缝成形良好，同时焊接电流较小，焊接热输入低，故适用于薄板及全位置焊接。短路过渡过程如下图2-7所示。

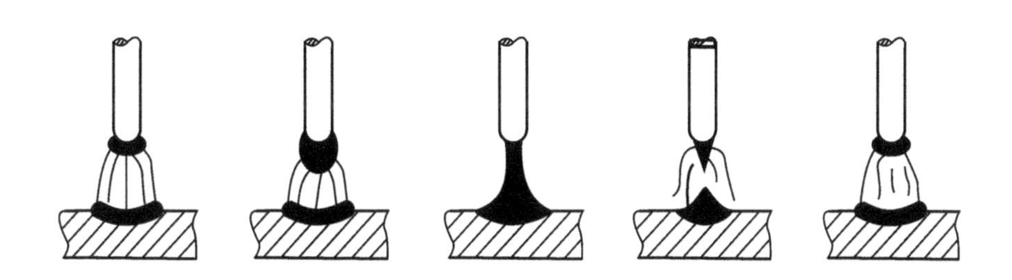

图2-7　短路过渡过程示意图

二、滴状过渡

CO_2焊在采用粗焊丝、较高电压和较大电流时，会出现滴状过渡。滴状过渡有两种形式：一种是大颗粒过渡，由于其电弧不稳，飞溅很大，成形差，在实际生产中不宜采用；另一种是细滴过渡，电弧较稳定，飞溅相对较少，焊缝成形好，故在生产中应用较广。粗丝CO_2焊滴状过渡，由于焊接电流较大，电弧穿透力强，熔深较大，故多用于中厚板的焊接。

请参考焊接工艺教材

表2-2　CO_2气体保护焊的熔滴过渡类型及特点

序号	溶滴过渡类型	实物或示意图	影响因素
1	短路过渡		
2	颗粒状过渡		

学了以上知识，接下来我要干什么呢？

制定工艺方案

下面有一张工艺卡，让我们一起来试试吧！

上车踏板是将一块4mm厚的Q235钢板和一根Φ20的U型管组装成T形接头，由于母材厚度较薄，可不开坡口进行角接平焊，装配间隙应不大于0.5 mm。

表2-3　焊接工艺卡

<table>
<tr><td colspan="2">企业</td><td colspan="2">焊接工艺卡</td><td colspan="2">编号：</td><td colspan="2">产品型号</td><td colspan="2"></td><td>部件图号</td><td></td><td colspan="2">共　页</td></tr>
<tr><td colspan="6" rowspan="5">结构简图（可参考图纸）</td><td colspan="2">产品名称</td><td colspan="2"></td><td>部件名称</td><td></td><td colspan="2">第　页</td></tr>
<tr><td colspan="8">主要组成件</td></tr>
<tr><td colspan="2">序号</td><td colspan="2">图号</td><td>名称</td><td>材料</td><td colspan="2">件数</td></tr>
<tr><td colspan="2"></td><td colspan="2"></td><td></td><td></td><td colspan="2"></td></tr>
<tr><td colspan="2"></td><td colspan="2"></td><td></td><td></td><td colspan="2"></td></tr>
<tr><td rowspan="2">工序号</td><td colspan="2" rowspan="2">工序焊接操作内容</td><td rowspan="2">焊接设备</td><td rowspan="2">工艺装备</td><td rowspan="2">焊接方法</td><td colspan="3">焊接材料</td><td rowspan="2">电弧电压</td><td rowspan="2">焊接电流</td><td rowspan="2">其他工艺参数</td><td colspan="2" rowspan="2">工时</td></tr>
<tr><td colspan="2">焊条/焊丝</td><td>焊剂</td></tr>
<tr><td></td><td colspan="2"></td><td></td><td></td><td></td><td colspan="2"></td><td></td><td></td><td></td><td></td><td colspan="2"></td></tr>
<tr><td></td><td colspan="2"></td><td></td><td></td><td></td><td colspan="2"></td><td></td><td></td><td></td><td></td><td colspan="2"></td></tr>
<tr><td></td><td colspan="2"></td><td></td><td></td><td></td><td colspan="2"></td><td></td><td></td><td></td><td></td><td colspan="2"></td></tr>
<tr><td></td><td colspan="2"></td><td></td><td></td><td></td><td colspan="2"></td><td></td><td></td><td></td><td></td><td colspan="2"></td></tr>
<tr><td></td><td colspan="2"></td><td></td><td></td><td></td><td colspan="2"></td><td></td><td></td><td></td><td></td><td colspan="2"></td></tr>
<tr><td></td><td colspan="2"></td><td></td><td></td><td></td><td colspan="2"></td><td></td><td></td><td></td><td></td><td colspan="2"></td></tr>
<tr><td></td><td colspan="2"></td><td></td><td></td><td></td><td colspan="2"></td><td></td><td></td><td></td><td></td><td colspan="2"></td></tr>
<tr><td></td><td colspan="2"></td><td></td><td></td><td></td><td colspan="2"></td><td></td><td></td><td></td><td></td><td colspan="2"></td></tr>
<tr><td></td><td colspan="2"></td><td></td><td></td><td></td><td colspan="2"></td><td></td><td></td><td></td><td></td><td colspan="2"></td></tr>
<tr><td></td><td></td><td></td><td></td><td></td><td></td><td></td><td></td><td></td><td></td><td>设计</td><td>校对</td><td>审核</td><td>批准</td></tr>
<tr><td>标记</td><td>处数</td><td>标记</td><td>签字</td><td>日期</td><td>标记</td><td>处数</td><td>文件号</td><td>签字</td><td>日期</td><td></td><td></td><td colspan="2"></td></tr>
</table>

明确了任务和工艺过程，让我们一起来干活吧！

任务实施

焊工周围的空气常被一些有害气体、粉尘所包围，焊接烟尘主要由金属氧化物、氟化物微粒和一氧化碳有害气体组成。因此，焊接工作场地需安装固定或移动式的排气罩，防止大量吸入有害气体。

那我们要如何做好自我防护呢？

图2-8　通风设备

图2-9　万向吸气臂

常见的通风设备还有：____

____

步骤一 焊前准备

1. 上车踏板总成、工卡量具焊前确认

参照工艺过程卡中的名称填写下表

表2-4　焊接作业前配备清单

内容	名称	规格	数量
试件材料			
焊接材料			
焊接设备			
工具			
量具			

2. 试件的准备

3. 焊前清理

用角向抛光机（如图2-10所示）清除管子焊接端外壁40 mm处，孔板内壁及其周围油 、锈、水及其他污物，直至露出金属光泽。

图2-10　角向抛光机

步骤二　按工艺过程卡要求调节焊接工艺参数

参照上车踏板工艺卡完成下表：

表2-5　上车踏板焊接工艺参数设置

焊机参数	焊丝直径	焊接电流	焊接电压	电弧力	收弧电流	收弧电压	初期电流	初期电压	操作方式	点焊时间	气体流量	回烧时间
数值												

步骤三 上车踏板零件组对装配及定位焊

将固定板点固在U型踏板架总成上端，保证水平，一端对齐，用直角尺检查两焊件是否垂直，若不垂直应进行矫正。

步骤四 上车踏板的焊接

1.打底层焊接操作时，在与定位焊点相对称的位置起焊，焊接过程中，应严格控制焊接速度，调整焊枪角度（如图2-11所示），焊枪应做圆周运动（如图2-12所示），摆动幅度不要太大。

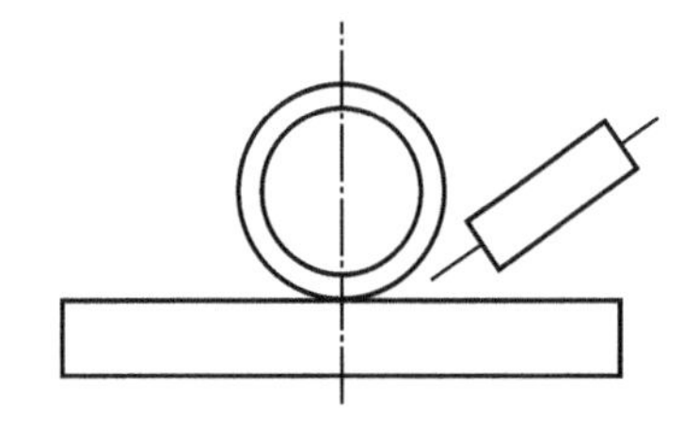

图 2-11　焊枪角度示意图

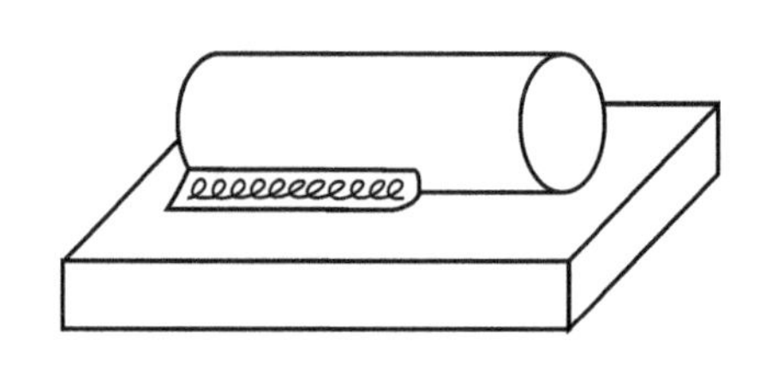

图2-12　焊枪摆动方式示意图

2.盖面层焊接时必须保证焊脚对称，焊接参数选择好以后，为了保证余高均匀，采用两道盖面，其焊接顺序如下图2-13所示。

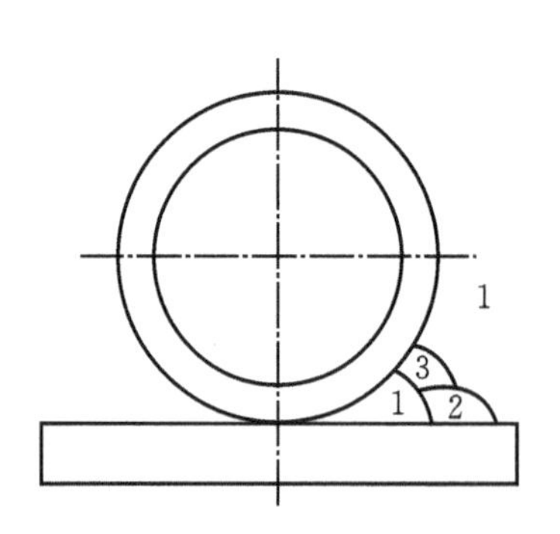

图2-13　角焊缝的焊道顺序

3.采用上述方法，依次完成其余焊缝的焊接。

CO_2半自动焊时，为了获得较宽的焊缝，往往采用横向摆动运丝方法。常用的摆动方式有锯齿形、月牙形、正三角形、斜圆圈形等，如图2-15所示。

摆动焊接时，横向摆动运丝角度和起始端的运丝要领与直线无摆动焊接一样。横向摆动焊接时要注意：左右摆动幅度要一致，摆动到中间时速度应稍快，到两侧是稍作停顿；摆动幅度不宜过大，否则部分熔池不能得到良好的保护作用。一般摆动幅度限制在喷嘴内径的1.5倍范围内。

(a)锯齿形　(b)月牙形

(c)正三角形　(d)斜圆圈形

图2-14　CO_2半自动焊时焊枪的摆动方式

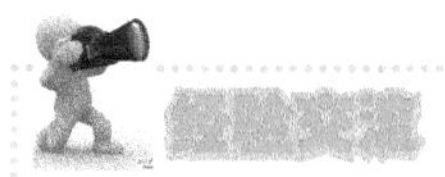

步骤五 焊后清理

待所有的焊接完成后，用錾子、榔头清理焊缝周围的飞溅，矫正变形，焊接结束。

步骤六 焊缝自检

焊后对焊接质量进行检验，并用焊接检验尺对焊角尺寸进行测量，焊缝不应有未焊透、咬边、裂纹、气孔、焊瘤等缺陷，接头处焊缝应过渡良好，无明显的高低不平，焊脚尺寸应保持均匀、一致。

参照焊接工艺过程卡对焊缝质量进行检查。具体要求如下表2-6所示。

表2-6 焊缝自检评分表

项目	序号	考核要求	配分	评分标准	得分
焊前整备	1	电、气管路各接线部位正确牢靠、无破损	10	未达要求扣10分	
	2	送丝轮与焊丝直径相符，送丝轮沟槽干净清洁	10	有一项未达要求扣10分	
	3	试件表面无油、锈水等污物，且露出金属光泽	10	未达要求扣10分	
	4	焊接电压19.5～22 V，焊接电流90～120 A	10	有一项未达要求扣5分	
焊缝质量	1	焊角尺寸为4 mm，焊角尺寸差不大于2 mm	20	超差1处扣10分	
	2	焊缝无气孔、未焊透、裂纹、咬边等缺陷	20	每项各5分，出现一处不得分	
	3	清理干净焊缝周围的飞溅等	20	未清理干净焊缝周围的飞溅扣20分	
	4	焊缝外观成形均匀、美观		酌情扣分	
安全生产	1	穿戴好劳动保护用品，包括工作服、绝缘鞋、焊工手套、面罩。		根据现场记录，违反规定扣5～10分	

温馨提示：

工作中，记得要按照6S的要求对现场进行管理，请对照下表检查下，你们做到了吗？

现场整理情况

表2-7 现场整理情况

	整理	整顿	清扫	清洁	安全	素养
设备						
工具						
工作场地						

注：完成的项目打“√”，没有完成的打“×”。

任务终于完成了，现在就让我们检验并提交任务吧！

检查验收

表2-8 交付验收单

验收单			
验收部门	焊接车间	验收日期	
零件名称	EGP（油箱）支架总成		
验收情况			
序号	内容	验收结果	备注
1			
2			
3			
验收结论			
	小组互检： 合格：　不合格： 签名： 年　月　日	检验员检验：（教师） 合格：　不合格： 签名： 年　月　日	

我的焊缝为什么会出现这样的缺陷呢？

表2-9　焊接缺陷—烧穿

类型	图例	产生原因	防止措施
烧穿		焊接电流过大	正确选择焊接电流
		焊接速度过慢，停留时间长	正确选择焊接速度，减少熔池高温停留时间
		装配间隙太大	严格控制焊件的装配间隙

任务终于完成了，最后让我们来总结一下吧！

工作小结

这是我做的最骄傲的事！

主要对工作过程中的知识、技能等进行总结。

这是我应该反思的！

加油，我会做的更好！

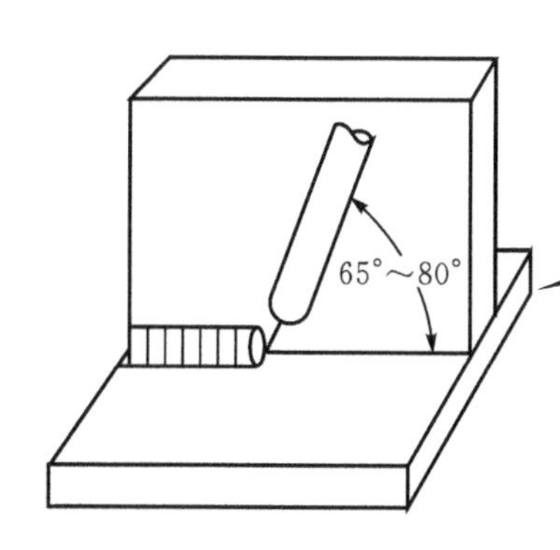
65°～80°
此种类型平角焊焊缝应该怎么焊接呢？

图2-15　T型接头平角焊

学习项目2 燃油箱总成的焊接

让我们来了解一下任务吧！

重卡汽车的燃油箱是储存燃料的容器，在使用中主要盛装汽油或柴油的容器，油箱的结构为封闭型，有一个注油口，材质为碳钢、不锈钢以及铝合金等材质；学院承接一批30件不锈钢燃油箱的焊接任务，工期为3天，主要采用熔化极气体保护焊，焊缝类型为平角焊，请根据提供的焊接工艺过程卡及相关资料完成焊接任务。

图2-16　重卡油箱

图2-17　T型焊

接受任务

这是上级部门给我们的任务单！

表2-10 生产派工单

<table>
<tr><td colspan="8">生产派工单
编 号：</td></tr>
<tr><td>产品名称</td><td colspan="2">重卡大箱侧围</td><td>产品图号</td><td colspan="2">SZ954001110</td><td>接单人</td><td>王钦</td></tr>
<tr><td>生产单位</td><td colspan="2">焊接加工车间</td><td>派工日期</td><td colspan="2">2014.5.20</td><td>操作者</td><td></td></tr>
<tr><td colspan="8">生产说明：要求各零件之间焊接牢固可靠，不得有裂纹、未焊透、气孔夹渣等缺陷。
清除焊渣、飞溅等。</td></tr>
<tr><td>要求完成日期</td><td>2014.5.27</td><td>数量</td><td>200件</td><td>单件/工时</td><td>8min</td><td>总工时</td><td>5天</td></tr>
<tr><td>备 注</td><td colspan="7">重卡大箱侧围图纸附后</td></tr>
<tr><td colspan="4">派 工：杨金平</td><td colspan="4">审 批：蔡立新</td></tr>
</table>

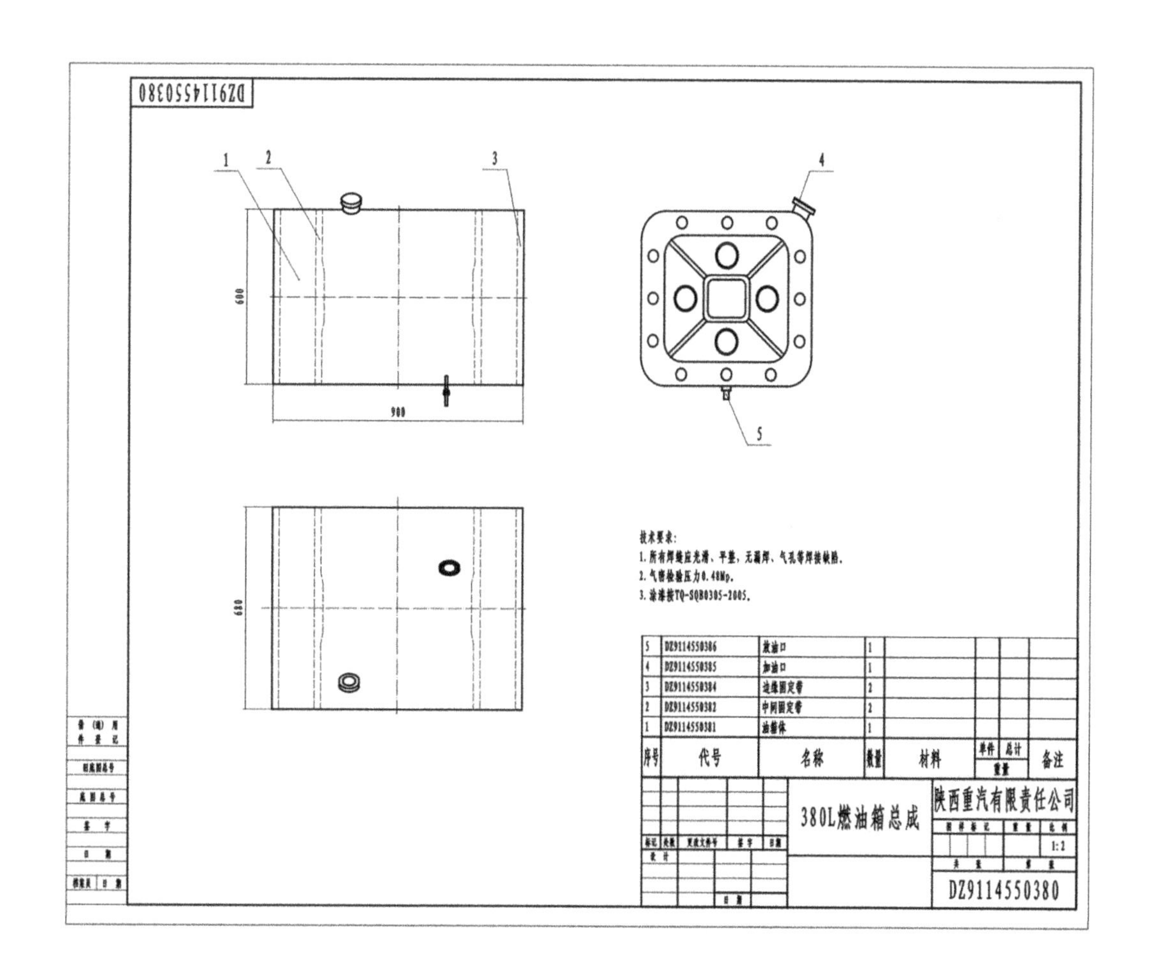

图2-18 燃油箱总成图纸

分析任务

1. 焊缝位置、焊缝符号的含义

____

____

____

2. 焊接生产的主要工序（组装工艺顺序）

____

____

____

小提示

对照图纸，分析工艺过程卡

完成任务还需要哪些知识呢？

相关知识学习

一、熔化极脉冲气体保护焊的原理

熔化极脉冲气体保护焊是利用由可控的脉冲电流所产生的脉冲电弧，熔化焊丝金属并控制熔滴过渡的气体保护电弧焊方法，图2-19所示为用于焊接的脉冲电流波形示意图。

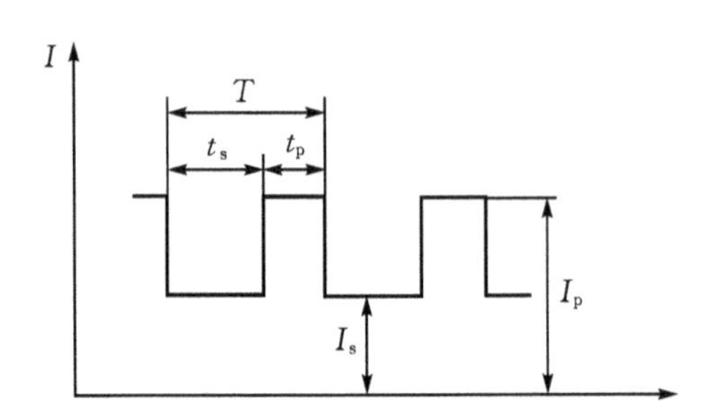

图2-19　脉冲电流波形示意图

T-脉冲周期，t_p-脉冲电流持续时间，t_s-维弧时间，I_p-脉冲电流，I_s-基值电流

二、熔化极脉冲气体保护焊的焊接电弧熔滴过渡

焊接电源提供了两个电流：一个是基值电流I_s，其作用是维持电弧不熄灭，并使焊丝端头部分熔化，为下一次熔滴过渡做准备；另一个是脉冲电流I_p，它在可调的时间间隔内叠加在基值电流上，脉冲电流比产生射流过渡的临界电流高，其作用是给熔滴施加一个较大的力，促使熔滴过渡。通常采用在每一个脉冲过程中仅过渡一个熔滴过渡形式。两个电流相结合，其平均电流产生射流过渡的稳定电弧。

三、熔化极脉冲气体保护焊的焊接参数对焊接过程的影响

（1）基值电流。基值电流的主要作用是在脉冲电流停歇时间内维持焊丝与熔池之间的电离状态，保证电弧复燃稳定。

（2）脉冲电流。脉冲电流是决定脉冲能量的重要参数，它影响着熔滴的过渡力、尺寸和母材的熔深。

（3）脉冲电流持续时间。脉冲电流持续时间太长，会减弱脉冲焊接效果；脉冲电流持续时间太短，则不能产生所希望的射流过渡。

（4）脉冲间歇时间。即基值电流作用时间。在脉冲周期一定时，脉冲间歇时间加长时，焊丝熔化量增加，熔滴尺寸增大；脉冲间歇时间太长或太短，都会使脉冲焊接特点减弱。

（5）脉冲周期（脉冲频率）。对于一定的送丝速度，脉冲频率与熔滴尺寸成反比，而与母材熔深成正比。较高的脉冲频率适合焊接厚板，较低的脉冲频率则适合焊接薄板。

熔化极脉冲气体保护焊的其他工艺参数，如焊接速度、焊丝伸出长度、焊丝直径等的选择原则，与普通熔化极气体保护焊基本相同。

表2-11　熔化极脉冲气体保护焊的熔滴过渡类型及特点

序号	溶滴过渡类型	实物或示意图	影响因素
1	射滴过渡		
2	射流过渡		
1	短路过渡		

学了以上知识，接下来我要干什么呢？

制定工艺方案

下面有一张工艺卡，让我们一起来编制吧！

本学习项目为焊接厚3 mm的$06C_r19N_i10$奥氏体不锈钢管，由于采用纯氩气保护时，存在液体金属粘度大，表面张力大而易产生气孔，焊缝金属润湿性差而易引起咬边，因此选择A_r（98%）$+O_2$（2%）的混合气体进行保护，可有效改善上述问题。

表2-12 焊接工艺卡

企业	焊接工艺卡	编号：	产品型号		部件图号		共 页
结构简图			产品名称		部件名称		第 页
			主要组成件				
			序号	图号	名称	材料	件数

工序号	工序焊接操作内容	焊接设备	工艺装备	焊接方法	焊接材料		电弧电压	焊接电流	其他工艺参数	工时
					焊条/焊丝	焊剂				

										设计	校对	审核	批准
标记	处数	标记	签字	日期	标记	处数	文件号	签字	日期				

明确了任务和工艺过程，让我们一起来干活吧！

任务实施

安全提示：

焊接前应检查设备、附件及管路是否漏气！用肥皂水试验时，周围不准有明火。严禁用火试验漏气。气管破裂处不准用胶布缠绕使用。使用时，如果发现焊枪有漏气现象或者漏出的气体已经燃烧，此时切勿将焊枪乱丢，应迅速关闭乙炔、氧气瓶阀，停止所有供气的阀门，把火熄灭。

那我们在焊接前应该注意哪些呢？

1.氧气软管为________色，乙炔软管为________色，与焊炬连接时不可错接。

2.焊接和气割前要认真检查工作场地，周围是否有________，应将这些物品搬离焊接工作地点________ m以外。

步骤一 制备管板试件

1. 燃油箱总成、工卡量具焊前确认

参照工艺过程卡中的名称填写表2-13。

表2-13 焊接作业前配备清单

内容	名称	规格	数量
试件材料			
焊接材料			
焊接设备			
工具			
量具			

2. 焊件制备

（1）板材中心按管子内径加工通孔，管子端部开坡口；

（2）修磨钝边

步骤二 按工艺过程卡要求调节焊接工艺参数

表2-14　燃油箱总成焊接工艺参数设置

焊机参数	焊丝直径	焊接电流	焊接电压	电弧力	收弧电流	收弧电压	初期电流	初期电压	操作方式	点焊时间	气体流量	回烧时间
数值												

步骤三 焊前清理

对接前，清除管子焊接端外壁40 mm处，孔板内壁及其周围油 、锈、水及其他污物，直至露出金属光泽。

步骤四 燃油箱零部件组对装配及定位焊

确定管、板相互垂直（如下图2-20所示），采取平角焊定位方法三点定位，长度不超过10 mm；

图2-20　管板的装配

步骤五 燃油箱加油口的焊接

1. 打底焊，焊接时应在定位焊对面引弧，采用左向焊法（如图2-22所示），即从左向右沿管材外圆进行焊接，焊枪的角度如图2-21、图2-22所示。

2. 填充层焊接，如图2-23所示。

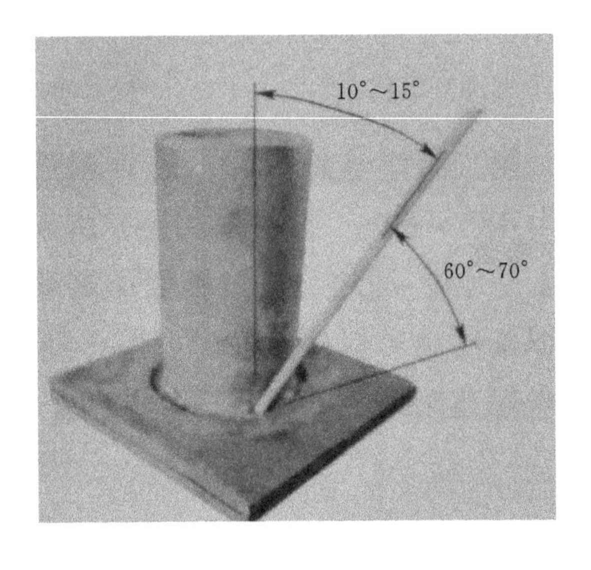

图2-21　打底焊焊枪角度

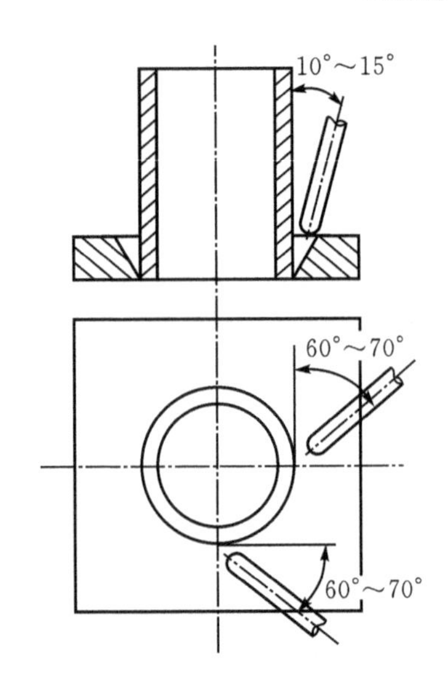

图2-22　打底焊左向焊法

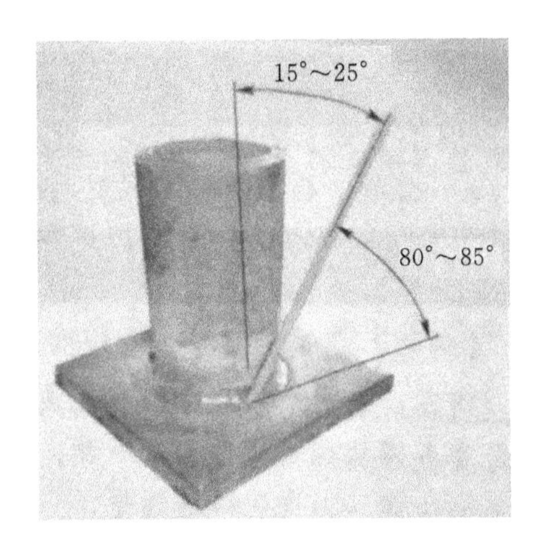

图2-23　填充层焊接

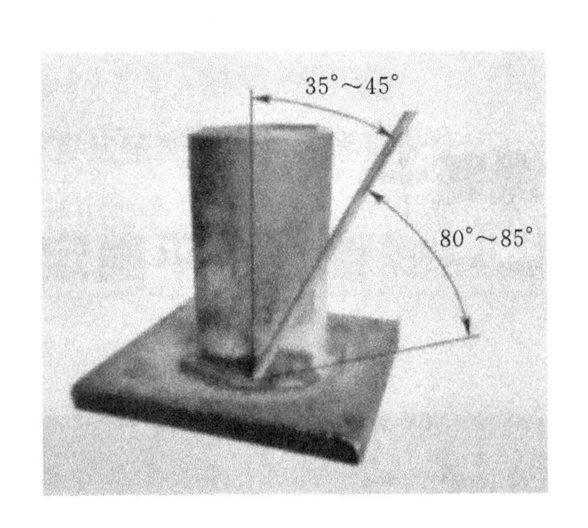

图2-24　盖面层第一道焊接

3. 盖面层焊接，如图2-24、2-25所示。

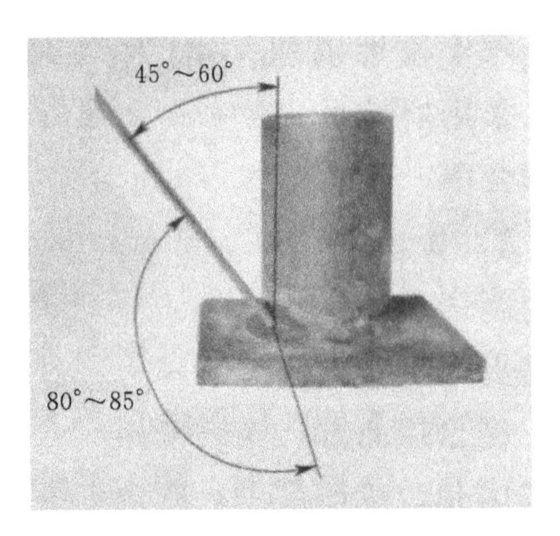

图2-25　盖面焊第二道焊接

步骤六 焊后清理

待所有焊接完成后，用钢丝刷清理焊缝表面飞溅，并目测或用放大镜观察焊缝表面是否有裂纹、气孔和咬边等缺陷，如下图2-26所示。

图2-26　完成后的加油口

步骤七 焊缝自检

焊接检验质量 不应有未熔合（如图2-27所示）、咬边、裂纹、气孔、焊瘤等缺陷，接头处焊缝应过渡良好，无明显的高低不平，焊脚尺寸应保持均匀、一致。

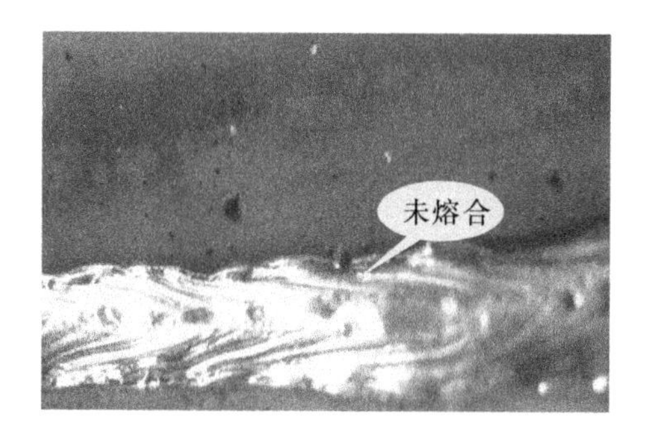

图2-27　未熔合

参照焊接工艺过程卡对焊缝质量进行检查。具体要求如表2-15所示：

表2-15　焊缝自检评分表

项目	序号	考核要求	配分	评分标准	得分
焊前准备	1	电、气管路各接线部位正确牢靠、无破损	10	未达要求扣10分	
	2	送丝轮与焊丝直径相符，送丝轮沟槽干净清洁	10	有一项未达要求扣10分	
	3	试件表面无油、锈水等污物，且露出金属光泽	10	未达要求扣10分	
	4	焊接电压19.5～22V，焊接电流110～130A	10	有一项未达要求扣5分	
焊缝质量	1	焊缝高度10±2mm	20	<8 >12求扣10分	
	2	无气孔、未焊透、裂纹、咬边等缺陷	20	煤油检查漏油，出现一处不得分	
	3	清理干净焊缝周围的飞溅等	10	未清理干净焊缝周围的飞溅扣20分	
	4	焊道外观成形均匀、美观	10	酌情扣分	
安全生产		穿戴好劳动保护用品，包括工作服、绝缘鞋、焊工手套、面罩。		根据现场记录，违反规定扣5～10分	

温馨提示：

工作中，记得要按照6S的要求对现场进行管理，请对照下表检查下，你们做到了吗？

现场整理情况

表2-16 现场整理核对表

	整理	整顿	清扫	清洁	安全	素养
设备						
工具						
工作场地						

注：完成的项目打“√”，没有完成的打“×”。

任务终于完成了，现在就让我们检验并提交任务吧！

检查验收

表2-17 交付验收单

验收单			
验收部门	焊接车间	验收日期	
零件名称	EGP（油箱）支架总成		
验收情况			
序号	内容	验收结果	备注
1			
2			
3			
验收结论			
	小组互检： 合格：　不合格： 签名： 年　月　日	检验员检验：（教师） 合格：　不合格： 签名： 年　月　日	

我的焊缝为什么会出现这样的缺陷呢？

表2-18 焊接缺陷—未融合

类型	图例	产生原因	防止措施
未融合		热输入太低	选用稍大的焊接电流和火焰
		坡口及层间清理不干净	加强坡口及层间清理
		母材或前一层焊缝金属未得到充分熔化就被填充金属覆盖	热量增加足以熔化母材或上一层焊接金属
		焊条、焊丝或焊炬火焰偏于坡口一侧	焊条、焊丝和焊炬的角度要合适，运条摆动应适当，要注意观察坡口两侧熔化情况，使电弧对准熔池
		单面焊双面成形焊接时第一层的电弧燃烧时间短	焊速不宜过快

任务终于完成了，最后让我们来总结一下吧！

工作小结

这是我做的最骄傲的事！

主要对工作过程中的知识、技能等进行总结。

这是我应该反思的！

加油，我会做的更好！

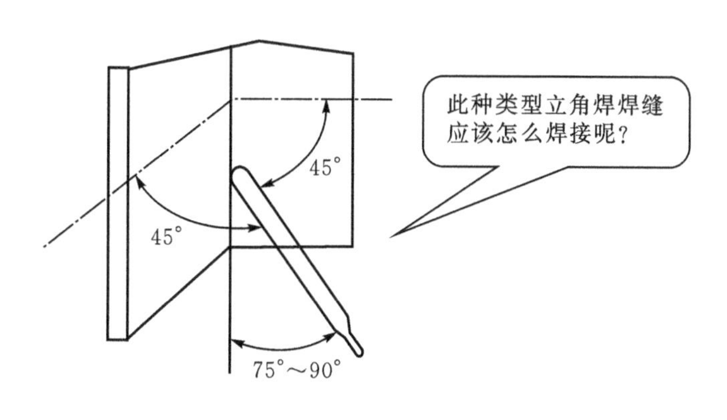
此种类型立角焊焊缝
应该怎么焊接呢？
45°
45°
75°～90°

图2-28　立角焊

管类焊接

学习项目1　消声器尾管总成的焊接

学习项目2　EGP进气管总成的焊接

任务描述

管件是重卡上中常见的一种部件，管件焊接要经过仰、立、平三种位置，因为焊缝是环形的，所以焊接过程中要随焊缝空间位置的变化而相应调节焊接角度，才能保证正常操作，因此，管类焊接操作具有一定的难度。那么生活中常见的管件焊接主要有哪些呢？

图3-1 排气消声器尾管焊接

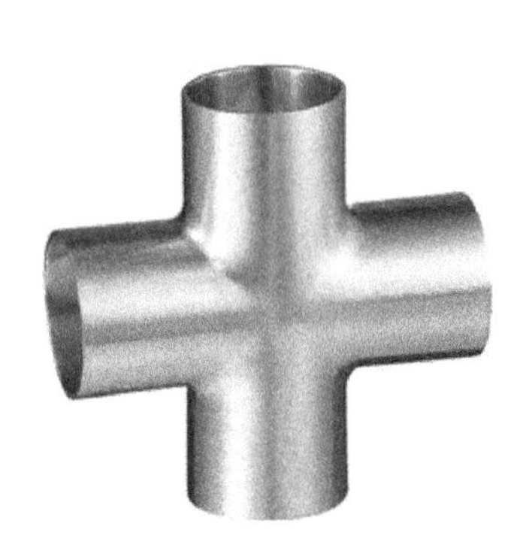

图3-2 阀门管件焊接

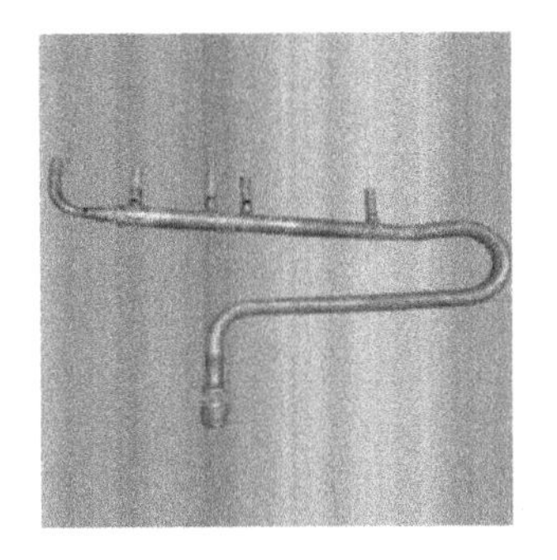

图3-3 空调铜管焊接

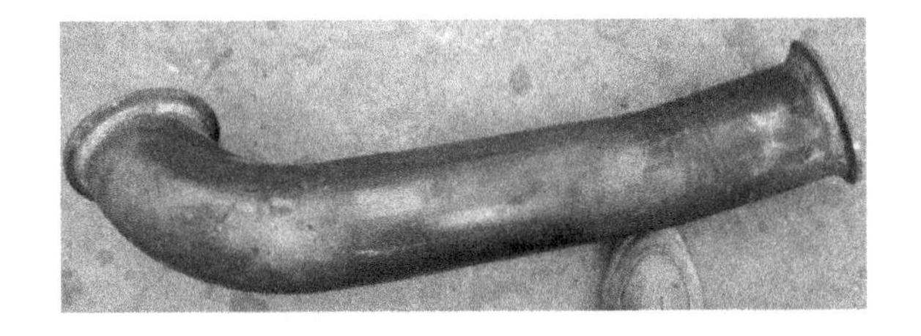

图3-4 EGP进气管总成焊接

知识链接

管材在各类装置和设备中应用数量很大。管材焊接质量的好坏，直接影响着装置或设备的正常运转。直接影响汽车的排放指标。管材按照焊接放置位置的不同，可分为：转动焊接，水平固定的焊接，垂直固定的焊接和倾斜固定的焊接。而汽车消声器的进排气管道主要采用的是水平固定焊接和垂直固定焊接。

让我们来了解一下任务吧！

消声器主要用于汽车在排气时降低其产生的噪声，若不加消声器，在一定速度下，噪声可达100分贝以上。在排气系统中加上消声器，可使汽车排气噪声降低20～30分贝。消声器的材料多使用碳钢材料，焊缝类型为对接焊缝，主要采用CO_2气体保护焊，现由于某重型汽车生产企业生产任务紧迫，委托学校焊接专业2天内协助完成，请根据图纸和工艺卡的要求完成重卡消声器尾管的焊接任务。

接受任务

表3-1　生产派工单

<table>
<tr><td colspan="8">生产派工单
编　号：</td></tr>
<tr><td>产品名称</td><td colspan="2">消声器尾管总成</td><td>产品图号</td><td colspan="2">SZ954001110</td><td>接单人</td><td>王钦</td></tr>
<tr><td>生产单位</td><td colspan="2">焊接加工车间</td><td>派工日期</td><td colspan="2">2014.4.22</td><td>操作者</td><td></td></tr>
<tr><td colspan="8">生产说明：要求各零件之间焊接牢固可靠，不得有裂纹、未焊透、气孔夹渣等缺陷。
清除焊渣、飞溅等。</td></tr>
<tr><td>要求完成日期</td><td>2014.4.27</td><td>数量</td><td>300件</td><td>单件/工时</td><td>8min</td><td>总工时</td><td>5天</td></tr>
<tr><td>备　注</td><td colspan="7">消声器尾管总成图纸附后</td></tr>
<tr><td colspan="8">派　工：杨金平　　　　审　批：蔡立新</td></tr>
</table>

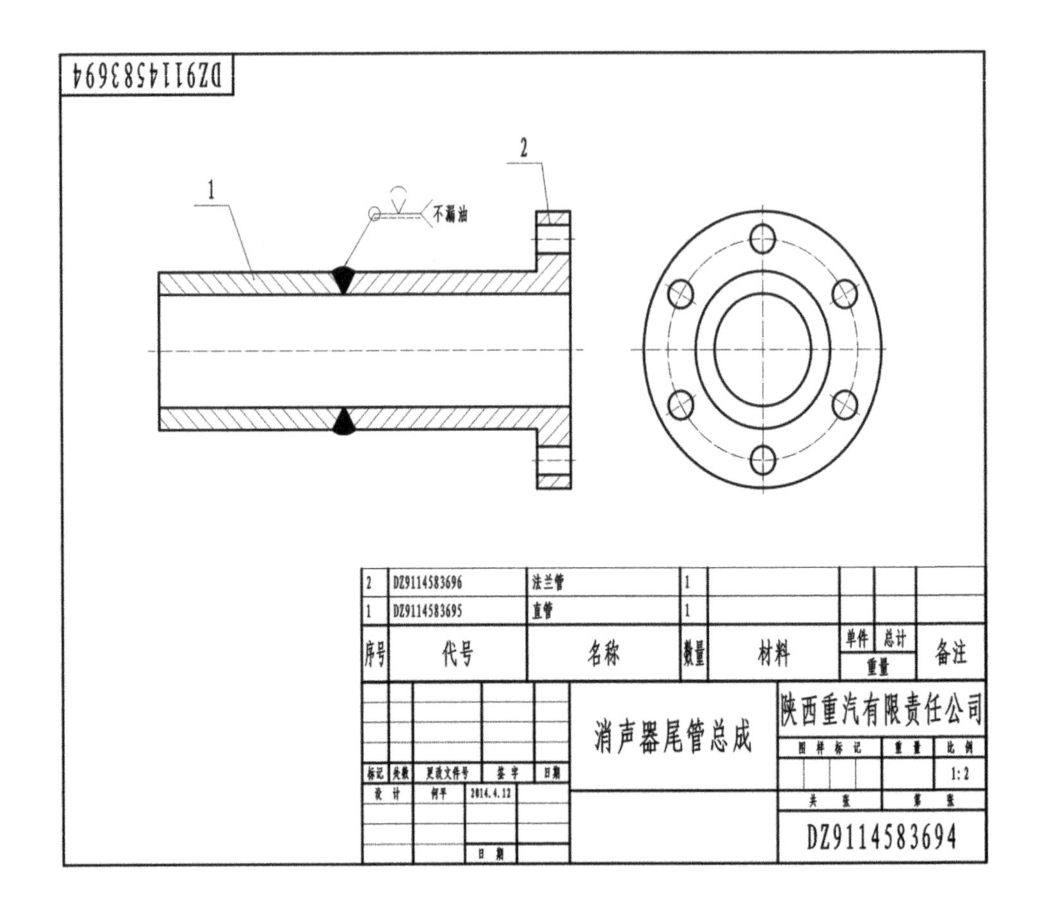

图3-5　消声器尾管总成图纸

图纸分析

1. 零部件组成

____

____

____

2. 焊缝位置、焊缝符号的含义

____

____

____

3. 焊接生产的主要工序（组装工艺顺序）

____

____

____

完成任务还需要哪些知识呢？

相关知识学习

一、CO_2气体保护焊的飞溅问题

容易引起飞溅是 CO_2 焊的主要缺点，颗粒过渡的飞溅程度要比短路过渡时严重的多。一般金属飞溅损失约占焊丝融化金属的 10%，严重时可达 30%～40%。在最佳情况下，飞溅损失可控制在 2%～4%范围内。

图3-6　焊接中的飞溅

1. CO_2焊飞溅对焊接造成的有害影响

（1）飞溅会增加焊丝及电能的消耗量，降低焊接生产率，增加焊接成本。

（2）飞溅金属黏在导电嘴端面和喷嘴内壁上，会使送丝不畅而影响电弧稳定性，或者降低保护气体的保护作用，容易使焊缝产生气孔，影响焊缝质量。并且要进行焊后清理，增加了焊接的辅助工时。

（3）焊接过程中飞溅出的金属，还容易烧坏焊工的工服，甚至烫伤焊工皮肤，恶化劳动条件。

焊接时飞溅的危害很大，那为什么会产生飞溅？我们要如何防止飞溅呢？

2. CO_2焊产生飞溅的原因以及预防。

表3-2 飞溅产生的原因及措施

序号	飞溅产生原因	预防措施
1	由冶金反应引起的飞溅，这种飞溅主要由CO气体造成	
2	由斑点压力引起的飞溅，这种飞溅主要取决于焊接时的极性，	
3	由熔滴短路时引起的飞溅，这种飞溅发生在短路过渡过程中	
4	非轴向颗粒过渡造成的飞溅，这种飞溅是在颗粒过渡时由于电弧的斥力作用而产生	
5	焊接工艺参数不当引起的飞溅，这种飞溅是因焊接电流，电弧电压和回路电感等焊接工艺参数选择不当而引起的	

学了以上知识，接下来我要干什么呢？

制定工艺方案

下面有一张工艺卡，让我们一起来试试吧！

本学习项目为水平固定管的焊接，其主要采用开破口的多层单道单面焊双面成形的方法。其中，焊接层数可根据焊件壁厚确定，开坡口的多层单道焊双面成形方法包括打底焊、填充焊和盖面焊，其中的每一层焊缝都为单道焊缝。

表3-3 焊接工艺卡

<table>
<tr><td colspan="2">企业</td><td colspan="2">焊接工艺卡</td><td colspan="2">编号：</td><td colspan="2">产品型号</td><td colspan="2"></td><td>部件图号</td><td></td><td colspan="2">共 页</td></tr>
<tr><td colspan="6" rowspan="5">结构简图</td><td colspan="2">产品名称</td><td colspan="2"></td><td>部件名称</td><td></td><td colspan="2">第 页</td></tr>
<tr><td colspan="8">主要组成件</td></tr>
<tr><td colspan="2">序号</td><td colspan="2">图号</td><td>名称</td><td>材料</td><td colspan="2">件数</td></tr>
<tr><td colspan="2"></td><td colspan="2"></td><td></td><td></td><td colspan="2"></td></tr>
<tr><td colspan="2"></td><td colspan="2"></td><td></td><td></td><td colspan="2"></td></tr>
<tr><td rowspan="2">工序号</td><td colspan="2" rowspan="2">工序焊接操作内容</td><td rowspan="2">焊接设备</td><td rowspan="2">工艺装备</td><td rowspan="2">焊接方法</td><td colspan="3">焊接材料</td><td rowspan="2">电弧电压</td><td rowspan="2">焊接电流</td><td rowspan="2">其他工艺参数</td><td colspan="2" rowspan="2">工时</td></tr>
<tr><td colspan="2">焊条/焊丝</td><td>焊剂</td></tr>
<tr><td></td><td colspan="2"></td><td></td><td></td><td></td><td colspan="2"></td><td></td><td></td><td></td><td></td><td colspan="2"></td></tr>
<tr><td></td><td colspan="2"></td><td></td><td></td><td></td><td colspan="2"></td><td></td><td></td><td></td><td></td><td colspan="2"></td></tr>
<tr><td></td><td colspan="2"></td><td></td><td></td><td></td><td colspan="2"></td><td></td><td></td><td></td><td></td><td colspan="2"></td></tr>
<tr><td></td><td colspan="2"></td><td></td><td></td><td></td><td colspan="2"></td><td></td><td></td><td></td><td></td><td colspan="2"></td></tr>
<tr><td></td><td colspan="2"></td><td></td><td></td><td></td><td colspan="2"></td><td></td><td></td><td></td><td></td><td colspan="2"></td></tr>
<tr><td></td><td colspan="2"></td><td></td><td></td><td></td><td colspan="2"></td><td></td><td></td><td></td><td></td><td colspan="2"></td></tr>
<tr><td></td><td colspan="2"></td><td></td><td></td><td></td><td colspan="2"></td><td></td><td></td><td></td><td></td><td colspan="2"></td></tr>
<tr><td></td><td colspan="2"></td><td></td><td></td><td></td><td colspan="2"></td><td></td><td></td><td></td><td></td><td colspan="2"></td></tr>
<tr><td></td><td colspan="2"></td><td></td><td></td><td></td><td colspan="2"></td><td></td><td></td><td></td><td></td><td colspan="2"></td></tr>
<tr><td></td><td></td><td></td><td></td><td></td><td></td><td></td><td></td><td></td><td></td><td>设计</td><td>校对</td><td>审核</td><td>批准</td></tr>
<tr><td>标记</td><td>处数</td><td>标记</td><td>签字</td><td>日期</td><td>标记</td><td>处数</td><td>文件号</td><td>签字</td><td>日期</td><td></td><td></td><td colspan="2"></td></tr>
</table>

明确了任务和工艺过程，让我们一起来干活吧！

任务实施

安全提示：

焊接前要认真检查工作场地周围是否有易燃易爆物应将这些物品搬离焊接工作地点10m以外以防止意外的发生。

那么常见的易燃易爆物品有哪些呢？

乙炔瓶

图3-7　乙炔瓶

油漆

图3-8　油漆

CO_2焊接场所还不能出现哪些易燃易爆物品：________________________________

____

步骤一 焊前准备

1. 消声器尾管总成、工卡量具焊前确认

参照图纸填写下表

表3-4　焊接作业前配备清单

内容	名称	规格	数量
试件材料			
焊接材料			
焊接设备			
工具			
量具			

步骤二 按工艺过程卡要求调节焊接工艺参数

参照消声器尾管总成工艺卡完成下表：

表3-5　消声器尾管总成焊接工艺参数设置

焊机参数	焊丝直径	焊接电流	焊接电压	电弧力	收弧电流	收弧电压	初期电流	初期电压	操作方式	点焊时间	气体流量	回烧时间
数值												

步骤三 焊前清理

1.钝边：修磨钝边0.5～1 mm，去除毛刺。

2.焊前清理：清理坡口及坡口正反面两侧各20 mm范围内的油污，锈蚀，水分及其他污物。

步骤四 消声器尾管总成的装配、定位焊和装夹

1.装配：始焊端装配间隙为2.5 mm，终焊端装配间隙为3.2 mm，错边量≤0.5 mm。

2.定位焊：按圆周方向在试件坡口内均布2、3处，每处定位焊缝长度为10、15 mm，要求焊透，不得有气孔，夹渣，未熔合等缺陷。定位焊缝两端修成斜坡，以利于接头。

3.装夹：将试件水平固定在焊接支架上，焊缝为全位置焊接。

步骤五 消声器尾管总成的全位置焊接

消声器尾管水平固定对接焊焊接过程如下

1. 打底焊

间隙小的一侧，如下图3-9所示，放在仰焊位置，打底焊时焊枪角度如下图3-10所示，在管子圆周的5点到6点钟间位置处引弧，焊枪沿逆时针方向做小幅度锯齿形摆动，先焊接管子前半部分，后顺时针方向焊管子后半部分，如下图3-11所示。

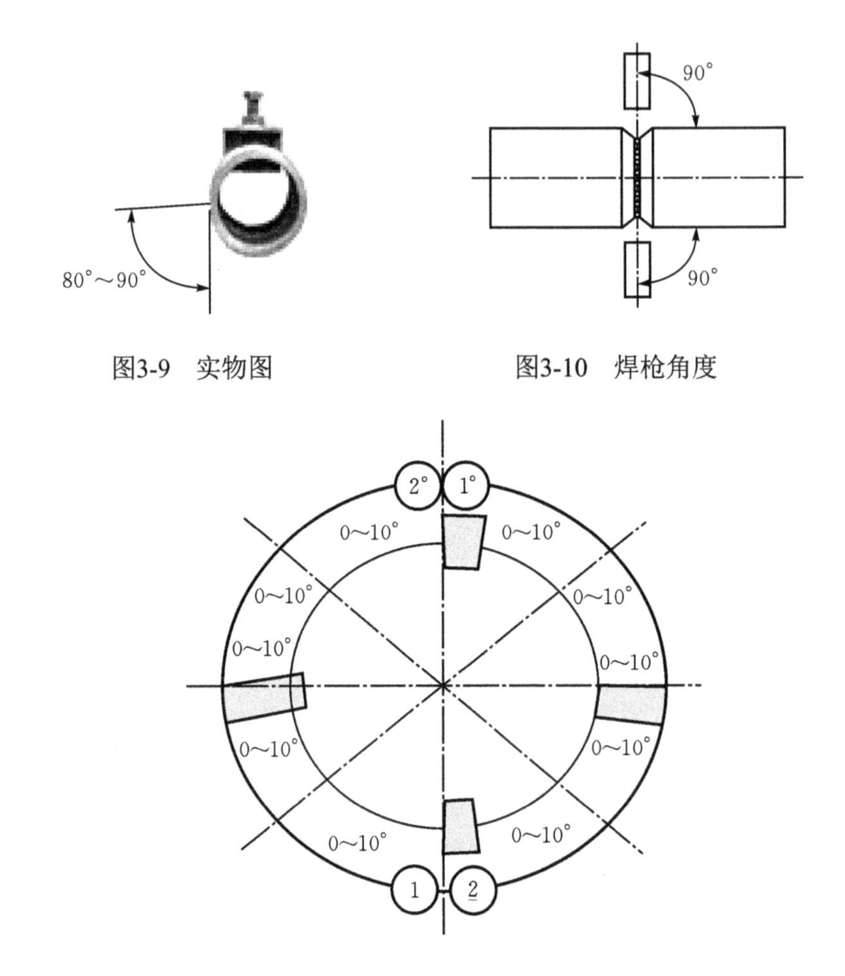

图3-9　实物图

图3-10　焊枪角度

图3-11　焊接方法示意图

注：焊接过程中要控制溶孔的大小，溶孔直径比间隙大0.5～1 mm较为合适，溶孔与间隙两边对称才能保证根部熔合良好。

打底焊半圈最好一次完成，如果中间停止需要接头时，需要将灭弧处的弧坑打磨成斜面，并由此引弧，形成溶孔后，再继续按逆时针方向焊至12点位置。然后将刚焊完的打底焊道的两端（时钟7点和12点处）打磨成缓坡，在7点处的缓坡前端引弧，迅速拉回接头轮廓处，摆动焊枪填满凹坑，继续按上图所示的焊枪角度焊完后半圈。

2. 盖面焊

清理打底焊的熔渣，飞溅，打磨掉打底焊接头局部凸起。然后按下图3-12所示角度进行盖面层的焊接。

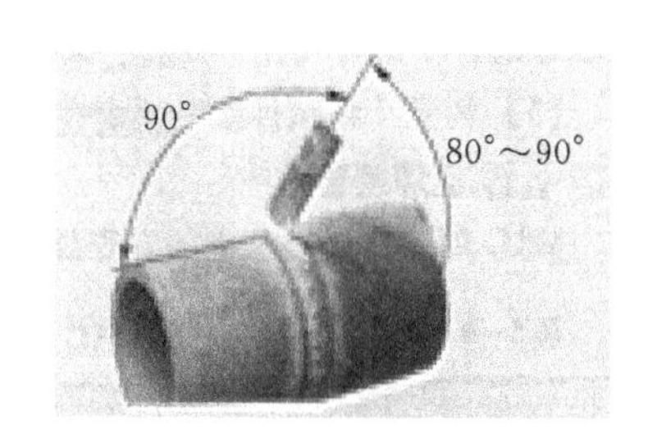

图3-12　盖面焊焊枪角度

图3-13　盖面焊焊缝

注：焊接过程中，焊枪采用锯齿形运丝方式，摆动的幅度要比打底焊稍大，并在坡口两侧适当停留，保证熔池边缘超过坡口棱边0.5～1 mm。

步骤六　焊后清理

待所有的焊接完成后，用角磨机清理焊缝周围的飞溅，矫正变形，焊接结束。

步骤七　焊缝自检

参照焊接工艺过程卡对焊缝质量进行检查。具体要求如下表所示：

表3-6　焊缝自检评分表

项目	序号	考核要求	配分	评分标准	得分
焊前整备	1	电、气管路各接线部位正确牢靠、无破损	5	未达要求扣5分	
	2	送丝轮与焊丝直径相符，送丝轮沟槽干净清洁	5	有一项未达要求扣5分	
	3	试件表面无油、锈水等污物，且露出金属光泽	5	未达要求扣5分	
	4	焊接电压19.5～25V，焊接电流100～135A	5	有一项未达要求扣5分	
焊缝质量	1	焊缝宽度≤12 mm	10	＞14 mm为0分	
	2	焊缝高度0～2 mm	10	＜ 0 mm＞4 mm求扣10分	
	3	清理干净焊缝周围的飞溅等；	10	未清理干净焊缝周围的飞溅扣20分	
	4	无咬边	10	咬边深度＞0.5 mm或长度＞20mm为0分	
	5	无气孔	10	气孔直径＞1.5mm，或数目＞2个为0分	
	6	焊缝外表成型，优：10分 良：6分 一般：4分 差：2分			
安全生产		穿戴好劳动保护用品，包括工作服、绝缘鞋、焊工手套、面罩。	20	根据现场记录，违反规定扣5～10分	

温馨提示：

工作中，记得要按照6S的要求对现场进行管理，请对照下表检查下，你们做到了吗？

现场整理情况

表3-7 现场整理情况

	整理	整顿	清扫	清洁	安全	素养
设备						
工具						
工作场地						

注：完成的项目打“√”，没有完成的打“×”。

任务终于完成了，现在就让我们检验并提交任务吧！

检查验收

表3-8 交付验收单

验收单			
验收部门	焊接车间	验收日期	
零件名称	EGP（油箱）支架总成		
验收情况			
序号	内容	验收结果	备注
1			
2			
3			
验收结论			
	小组互检： 合格： 不合格： 签名： 年 月 日	检验员检验：（教师） 合格： 不合格： 签名： 年 月 日	

我的焊缝为什么会出现这样的缺陷呢？

表3-9　焊接缺陷—未焊透

类型	图例	产生原因	防止措施
未焊透	图3-14	坡口钝边太大、坡口角度太小、装配间隙太小	正确选用坡口形式及尺寸，保证装配间隙
		焊接电流过小，焊接速度过快，使熔深浅，边缘未充分熔化	正确选择合适的焊接电流和焊接速速
		母材边缘清理不干净	加强坡口及层间清理

任务终于完成了，最后让我们来总结一下吧！

工作小结

____

____

____

____

____

____

这是我做的最骄傲的事！

主要对工作过程中的知识、技能等进行总结。

这是我应该反思的！

加油，我会做的更好！

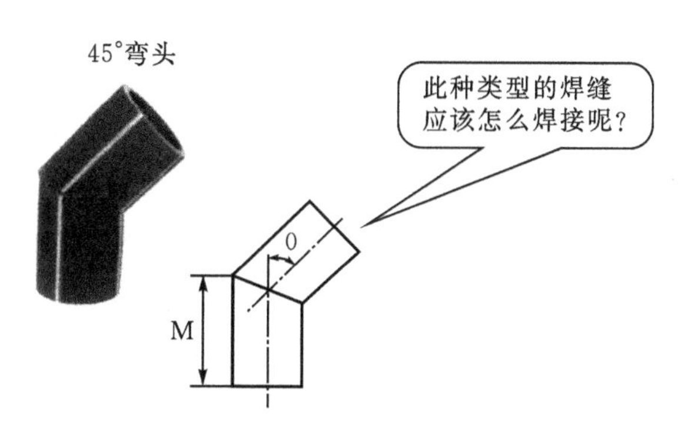

45°弯头
此种类型的焊缝应该怎么焊接呢？
M
0

图3-15　45°管弯头焊接

学习项目2 EGP进气管总成的焊接

让我们来了解一下任务吧！

EGP进气管总成是有效减小汽车油箱压力的管路连接部件，通过燃油泵不断的抽取燃油，油箱进气管可以平衡外界和油箱里的大气压力的作用，保证输油连续性。焊缝类型为管对接垂直固定焊。现由于某重型汽车生产企业生产任务紧迫，委托学校焊接专业5天内协助加工300件，请根据图纸和工艺卡的要求完成EGP支架的焊接任务。

接受任务

这是上级部门给我们的任务单！

表3-10　生产派工单

<table>
<tr><td colspan="8">生产派工单
编　号：</td></tr>
<tr><td>产品名称</td><td colspan="2">EGP进气管总成</td><td>产品图号</td><td colspan="2">SZ954001110</td><td>接单人</td><td>王钦</td></tr>
<tr><td>生产单位</td><td colspan="2">焊接加工车间</td><td>派工日期</td><td colspan="2">2014.4.22</td><td>操作者</td><td></td></tr>
<tr><td colspan="8">生产说明：要求各零件之间焊接牢固可靠，不得有裂纹、未焊透、气孔夹渣等缺陷。
清除焊渣、飞溅等。</td></tr>
<tr><td>要求完成日期</td><td>2014.4.27</td><td>数量</td><td>300件</td><td>单件/工时</td><td>8min</td><td>总工时</td><td>5天</td></tr>
<tr><td>备　注</td><td colspan="7">EGP进气管总成图纸附后</td></tr>
<tr><td colspan="4">派　工：杨金平</td><td colspan="4">审　批：蔡立新</td></tr>
</table>

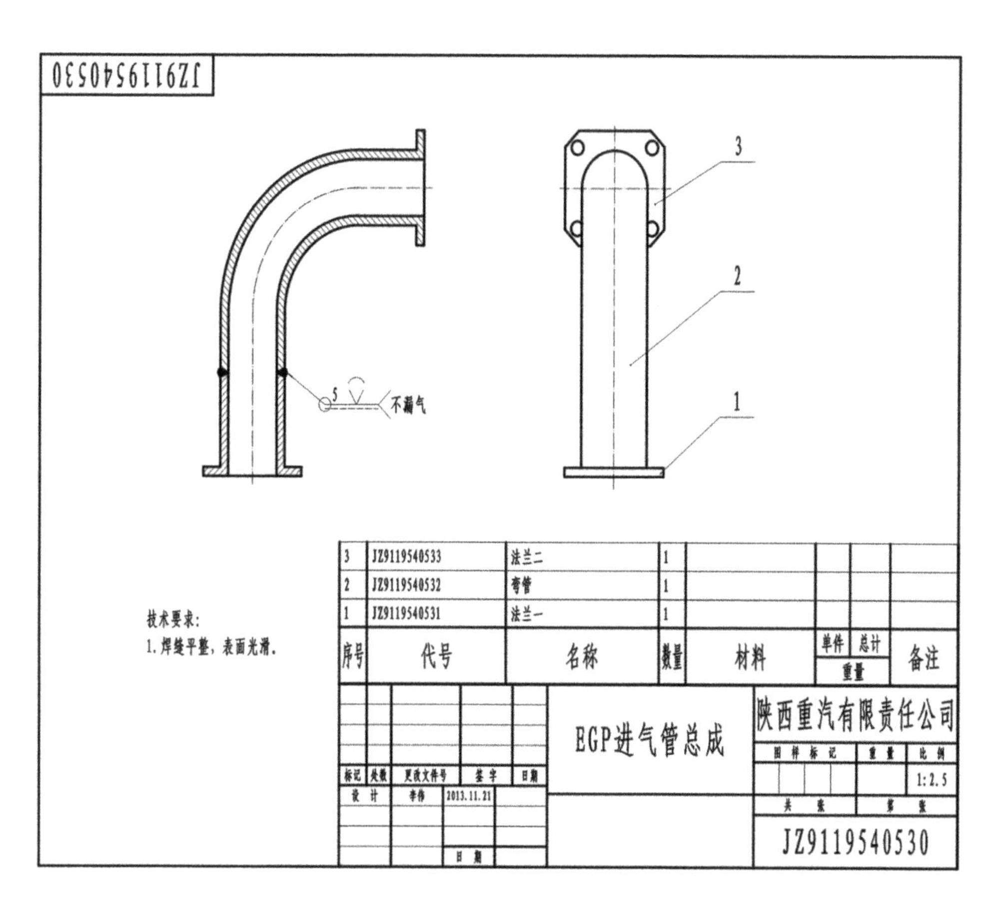

图3-16　EGP进气管总成图纸

分析任务

1. 零部件组成

____

____

____

2. 焊缝位置、焊缝符号的含义

____

____

____

3. 焊接生产的主要工序（组装工艺顺序）

____

____

____

完成任务还需要哪些知识呢？

对照图纸，分析工艺过程卡

相关知识学习

一、开坡口的目的

证电弧能深入接头根部，
使根部焊透并便于清渣，
以获得较好的成型，而且
坡口还能起到调节焊缝
金属中母材料

二、坡口形状

根据焊缝坡口的几何形状不同，常见焊缝坡口的基本形状如图3-17所示。

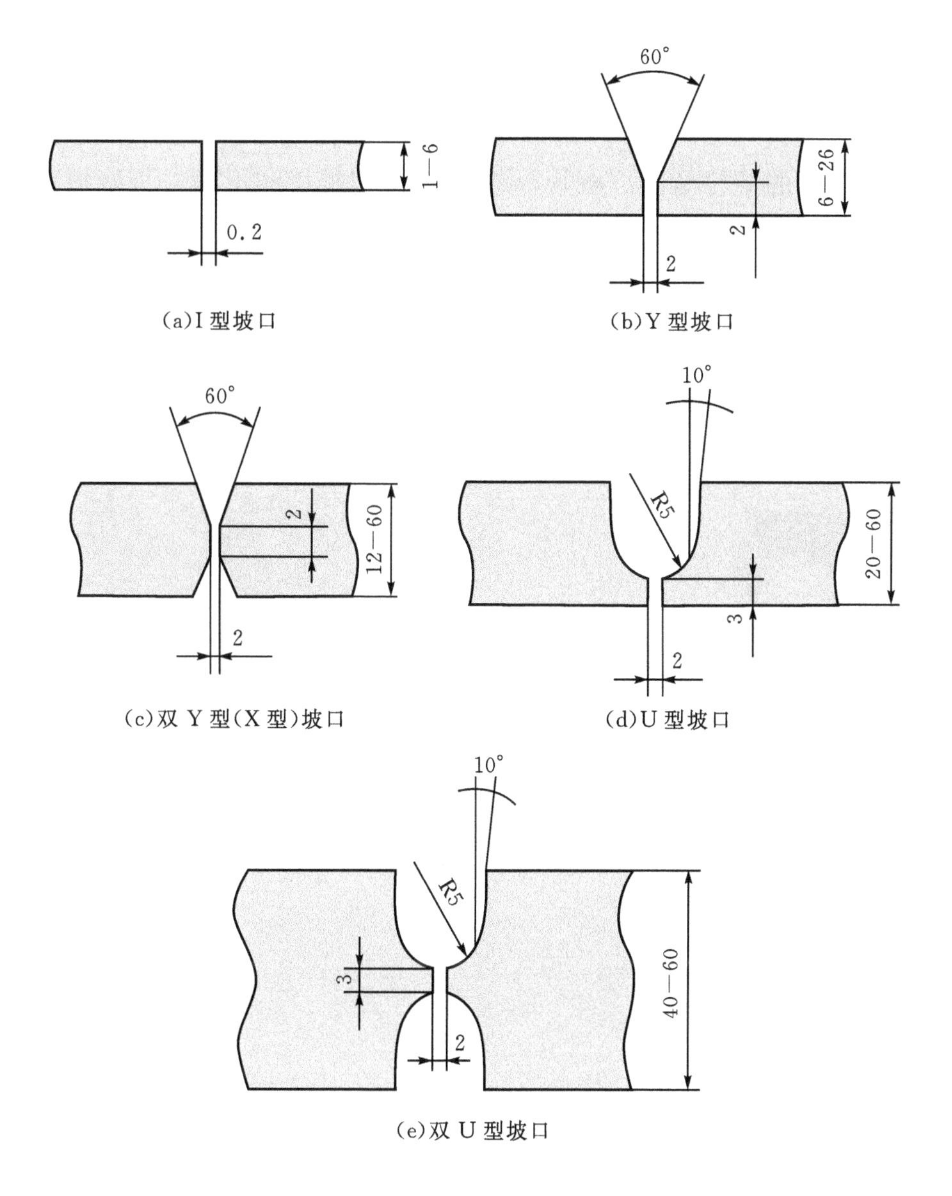

图3-17　坡口形式

三、坡口的选择原则

1.保证焊接质量，满足焊接质量要求是选择坡口形式和尺寸首先需要考虑的原则，也是选择坡口的最基本要求。

2.便于焊接施工，对于消声器尾管因其内径较小，适合采用单面焊双面成型的工艺方法，宜采用V型坡口。

3.坡口加工简单，因V型坡口加工简单，所以能选择V型坡口则不考虑其它形式坡口。

4.坡口的断面面积尽可能的小，这样可以降低焊接材料的消耗，减少焊接加工量并节省电能。

5.便于控制焊接变形，不适当的坡口形式容易产生较大的焊接变形。

想一想、练一练

（1）根据焊件的结构形式、板厚、焊接方法和材料的不同，焊接坡口的加工方法也不同，常用的加工方法有____________、______________、______________、____________、____________、____________。

学了以上知识，接下来我要干什么呢？

制定工艺方案

下面有一张工艺卡，让我们一起来编制吧！

表3-11 焊接工艺卡

企业	焊接工艺卡	编号：	产品型号		部件图号		共 页
结构简图			产品名称		部件名称		第 页
			主要组成件				
			序号	图号	名称	材料	件数

工序号	工序焊接操作内容	焊接设备	工艺装备	焊接方法	焊接材料		电弧电压	焊接电流	其他工艺参数	工时
					焊条/焊丝	焊剂				

										设计	校对	审核	批准
标记	处数	标记	签字	日期	标记	处数	文件号	签字	日期				

明确了任务和工艺过程，让我们一起来干活吧！

任务实施

步骤一 焊前准备

1. EGP进气管总成、工卡量具焊前确认

参照工艺过程卡填写下表

表3-12 焊接作业前配备清单

内容	名称	规格	数量
试件材料			
焊接材料			
焊接设备			
工具			
量具			

2. 焊件制备

钢管的需焊接侧加工成30° 坡口。

步骤二 调节焊接工艺参数

表3-13 EGP进气管总成焊接工艺参数设置

焊机参数	焊丝直径	焊接电流	焊接电压	电弧力	收弧电流	收弧电压	初期电流	初期电压	操作方式	点焊时间	气体流量	回烧时间
数值												

步骤三 焊前清理

焊前用直柄砂轮机，如下图3-18所示，将焊缝20 mm范围内的水、锈、油等污物清理干净。

图3-18 直柄砂轮机

步骤四 EGP进气管总成的装配、定位焊

1. 装配装夹

将试件垂直固定在焊接夹具上，保持两管同心，不得有错边。始焊端装配间隙为2.5 mm，终焊端装配间隙为3.2 mm；错边量≤0.5 mm。

2. 定位焊

按圆周方向在试件坡口内均布2～3处，每处定位焊缝长度为10～15 mm，要求焊透，不得有气孔、夹渣、未熔合等缺陷。定位焊缝两端修成斜坡，以利于接头。

步骤五 燃油箱加油口的焊接

1. 打底焊

采用左向焊法，打底焊时焊枪角度如图3-19所示，在焊接的过程中要保证焊丝不离开熔池，始终处在熔池的1/3处，每一个熔池覆盖前一个熔池的2/3，以便形成波纹均匀的打底焊缝。

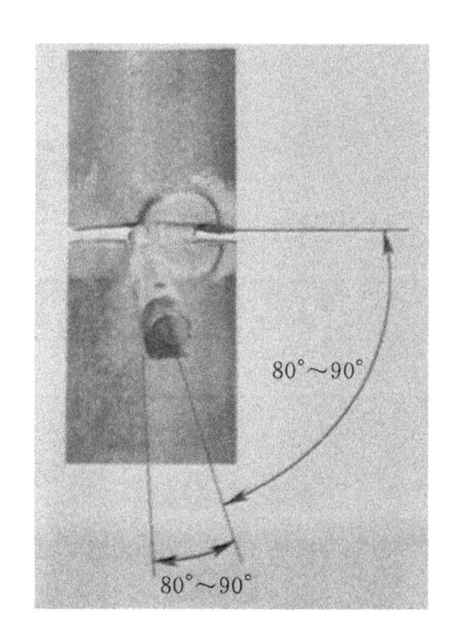

图3-19 打底焊焊枪角度

注：在右侧定位焊缝上引弧，自右向左开始焊接，焊枪做小幅度的锯齿形摆动，保证溶孔直径比间隙大0.5～1 mm，两边对称。

2. 盖面焊

清理打底焊的熔渣，飞溅，打磨掉打底焊接头局部凸起。然后按下图3-20所示的角度进行盖面焊的焊接。

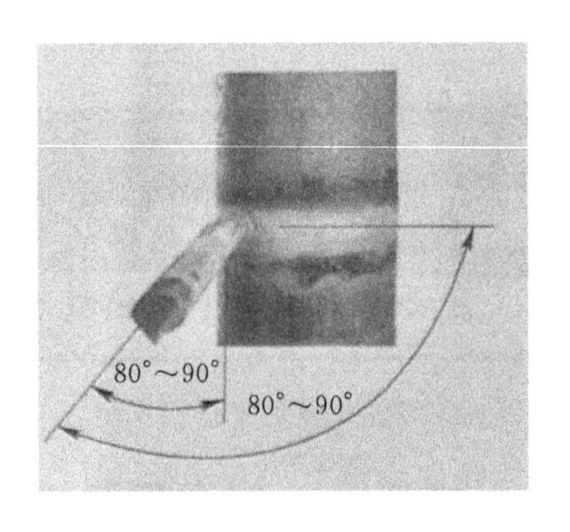

图3-20　盖面焊焊枪角度

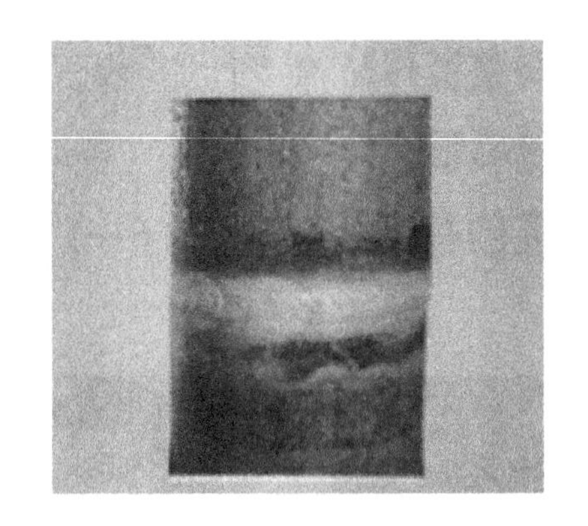

图3-21　盖面焊焊缝

注：焊接过程中，焊枪采用锯齿形或斜圆圈形运丝方式，摆动的幅度要比打底焊稍大，并在坡口两侧适当停留，保证熔池边缘超过坡口棱边0.5～1 mm，并使焊道平整。盖面焊焊缝如图3-21所示。

经验交流

____

____

____

____

____

____

步骤六 焊后清理

待所有的焊接完成后，用角磨机清理焊缝周围的飞溅，矫正变形，焊接结束。

步骤七 焊缝自检

参照焊接工艺过程卡对焊缝质量进行检查。具体要求如下表所示。

表3-14　焊缝自检评分表

项目	序号	考核要求	配分	评分标准	得分
焊前整备	1	电、气管路各接线部位正确牢靠、无破损	5	未达要求扣5分	
	2	送丝轮与焊丝直径相符，送丝轮沟槽干净清洁	5	有一项未达要求扣5分	
	3	试件表面无油、锈水等污物，且露出金属光泽	5	未达要求扣5分	
	4	焊接电压19.5-22V，焊接电流170-210A	5	有一项未达要求扣5分	
焊缝质量	1	焊缝宽度≤12 mm	10	＞14 mm为0分	
	2	焊缝高度0-2mm	10	＜ 0 mm＞4 mm求扣10分	
	3	清理干净焊缝周围的飞溅等；	10	未清理干净焊缝周围的飞溅扣20分	
	4	无咬边	10	咬边深度＞0.5 mm或长度＞20mm为0分	
	5	无气孔	10	气孔直径＞1.5mm，或数目＞2个为0分	
	6	焊缝外表成型，优：10分 良：6分 一般：4分 差：2分			
安全生产		穿戴好劳动保护用品，包括工作服、绝缘鞋、焊工手套、面罩。	20	根据现场记录，违反规定扣5～10分	

工作中，记得要按照6S的要求对现场进行管理，请对照下表检查下，你们做到了吗？

现场整理情况

表3-15 现场整理核对表

	整理	整顿	清扫	清洁	安全	素养
设备						
工具						
工作场地						

注：完成的项目打“√”，没有完成的打“×”。

任务终于完成了，现在就让我们检验并提交任务吧！

检查验收

表3-16 交付验收单

<table>
<tr><td colspan="4">验收单</td></tr>
<tr><td>验收部门</td><td>焊接车间</td><td>验收日期</td><td></td></tr>
<tr><td>零件名称</td><td colspan="3">EGP（油箱）支架总成</td></tr>
<tr><td colspan="4">验收情况</td></tr>
<tr><td>序号</td><td>内容</td><td>验收结果</td><td>备注</td></tr>
<tr><td>1</td><td></td><td></td><td></td></tr>
<tr><td>2</td><td></td><td></td><td></td></tr>
<tr><td>3</td><td></td><td></td><td></td></tr>
<tr><td colspan="4">验收结论</td></tr>
<tr><td></td><td>小组互检：
合格：　不合格：
签名：
年　月　日</td><td colspan="2">检验员检验：（教师）
合格：　不合格：
签名：
年　月　日</td></tr>
</table>

我的焊缝为什么会出现这样的缺陷呢？

表3-17　焊接缺陷—未融合

类型	图例	产生原因	防止措施
未融合		1.焊丝或焊件有油、锈、水和污物	1.焊前认真清理焊丝和焊件
		2.气体纯度较低	2.更换气体或对气体进行提纯处理
		3.减压阀冻结	3.在减压阀前加装或更换预热器
		4.喷嘴被焊件飞溅堵塞	4.清理喷嘴
		5.喷嘴与工件的距离过大	5.适当缩小喷嘴与工件的距离
		6.输气管路堵塞	6.注意检查输气管有无堵塞和弯折处
		7.有风，保护不完全	7.采用挡风措施或更换工作场地
		8.电弧过长，电弧电压过高	8.适当降低电弧电压，缩小弧长
		9.焊丝含硅、锰量不足	9.更换合格焊丝

任务终于完成了，最后让我们来总结一下吧！

工作小结

这是我做的最骄傲的事！

小提示

主要对工作过程中的知识、技能等进行总结。

这是我应该反思的！

加油，我会做的更好！

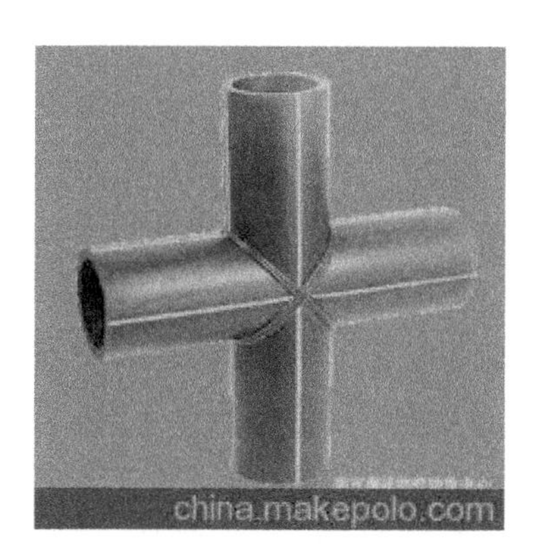

图3-22　四通焊接件

参考文献

[1] 王长忠．高级焊工技能训练［M］．北京：中国劳动社会保障出版社，2009.

[2] 赵丽玲．焊接方法与工艺［M］．北京：机械工业出版社，2014.

[3] 劳动和社会保障部教材办公室组织编写．焊工工艺学［M］．北京：中国劳动社会保障出版社，2012.

[4] 王长忠．高级焊工工艺［M］．北京：中国劳动社会保障出版社，2011.

[5] 曹朝霞，齐勇田．焊接方法与设备使用［M］．北京：机械工业出版社，2014.

[6] 李亚江，刘 强，王 娟．气体保护焊工艺及应用［M］．北京：化学工业出版社，2009.

[7] 周 岐，武晓峰，王冠群，孙铭远．电焊工操作技能［M］．北京：中国电力出版社，2013.

[8] 国家职业资格培训教材编审委员会组编．焊工（高级）［M］．北京：机械工业出版社，2014.

[9] 宁文军．焊工技能训练与考级［M］．北京：机械工业出版社，2009.